计算机图形学
及
数字化快速成型

张秀芬　蔚刚　主编

化学工业出版社
·北京·

计算机图形学和数字化快速成型技术相结合，实现了计算机建模、CAD数据直接制造模型或零件，更加快速而精密地制造出任意复杂的模型和零件。本书讲解了计算机图形学和数字化快速成型技术的基本原理和方法，着重介绍了OpenGL编程、算法、曲线曲面、仿射变换，衔接计算机图形学和数字化快速成型的关键技术——数字化快速成型的前处理，以及三维数字化快速成型技术和实践案例。

本书可供高等学校机械制造、计算机图形学、数字化制造、材料成型、汽车等相关专业的师生和企事业单位从事相关技术的专业人员使用。

图书在版编目（CIP）数据

计算机图形学及数字化快速成型/张秀芬，蔚刚主编.—北京：
化学工业出版社，2019.7
ISBN 978-7-122-34278-2

Ⅰ.①计…　Ⅱ.①张…②蔚…　Ⅲ.①计算机图形学　Ⅳ.①TP391.411

中国版本图书馆CIP数据核字（2019）第064994号

责任编辑：金林茹　张兴辉
责任校对：宋　玮　　　　　　　　　　　　　装帧设计：王晓宇

出版发行：化学工业出版社（北京市东城区青年湖南街13号　邮政编码100011）
印　　装：河北鹏润印刷有限公司
710mm×1000mm　1/16　印张13½　字数248千字　2019年8月北京第1版第1次印刷

购书咨询：010-64518888　　　　　　　　　售后服务：010-64518899
网　　址：http://www.cip.com.cn
凡购买本书，如有缺损质量问题，本社销售中心负责调换。

定　　价：**69.00元**　　　　　　　　　　　　　　　版权所有　违者必究

前 言

计算机图形学是一门研究图形的表示、生成、处理和显示的学科，在工业建模、计算机辅助设计、电影特技、医药医疗等领域都有着重要的应用。本书将快速成型（又名增材制造、三维打印等）作为计算机图形学基础理论和方法研究的具体应用领域，全书将计算机图形学的基础理论、经典算法与数字化快速成型技术相结合，力求读者在应用中深入理解和灵活运用这些理论和基础知识。

全书包括 8 章，其中第 1 章绪论部分介绍了计算机图形学和数字化快速成型的发展概况及主要研究内容；第 2 章介绍了 OpenGL 编程知识；第 3 章介绍了基本图形光栅化经典算法；第 4 章阐述了自由曲线曲面基础知识；第 5 章介绍了仿射变换基本原理和方法；第 6 章介绍了产品数字化造型基础；第 7 章和第 8 章介绍了数字化快速成型的前处理、主流成型技术、3D 打印实践等知识。

本书在参考大量文献的基础上编制而成，可以作为高校师生的教学用书，也可作为广大机械工程领域工程技术人员的参考书。

本书主要由内蒙古工业大学的张秀芬和内蒙古机电职业技术学院的蔚刚主编，参与本书编写的还有刘海、萨日娜、闫文刚。由内蒙古工业大学胡志勇、薛俊芳主审，同时，得到了浙江大学张树有教授的指导。

本书的编著得到了国家自然科学基金（51565044）、内蒙古自治区自然科学基金［2017MS(LH)0510］、内蒙古自治区高等学校青年科技英才支持计划(NJYT-17-B08)和内蒙古工业大学研究生精品课程建设项目（JP201605）的资助，在此表示感谢。

由于作者的知识水平与实践经验有限，因此，书中难免存在不足，敬请广大读者批评指正。

编者

目　录

第 4 章　自由曲线曲面 / 78

第 1 章
绪 论

1.1 计算机图形学概述

1.1.1 基本概念

图形是计算机图形学的研究对象。广义的图形（graphics）是指能够在人的视觉系统中形成视觉印象的客观对象。如自然景物、照片和图片、工程图、设计图和方框图、人工美术绘画、雕塑品、用数学方法描述的图形（包括几何图形、代数方程、分析表达式或列表所确定的图形）等。而计算机图形学中的图形是指由点、线、面、体等几何要素和明暗、灰度（亮度）、色彩等非几何要素构成的，从现实世界中抽象出来的带有灰度、色彩及形状的图或形。

图形与图像有何区别目前尚无定论，一种观点认为"图形是由计算机绘制而成的，图像是人为用外部设备捕捉到的外部景物"；另外一种观点认为"图形是矢量图，而图像是位图（点阵图）"。目前，两个领域相互融合，分界线越来越模糊。

图形包括几何属性和非几何属性。几何属性描述对象的轮廓形状，包括点、线、面、体等；非几何属性描述对象的视觉效果，如颜色、明暗、材质等。

从构成要素角度可以将图形划分为两类：①几何属性突出的线条图，如工程图、等高图等；②非几何属性突出的明暗图（又称真实感图）。

图形（像）在计算机中以位图或矢量图格式显示。位图（点阵图、像素图）格式指计算机屏幕上的图由像素构成，每个点用二进制数据来描述其颜色、亮度等信息；矢量图是用图形的形状参数（方程或表达式的系数、线段的端点坐标等）和属性参数（颜色、线型等）来表示图形。矢量图可以通过扫描转换技术转换为点阵图，点阵图也可以通过图像处理技术转换为矢量图。

1.1.2　计算机图形学的发展简史

(1)　被动式图形学阶段

1946 年，第一台电子计算机的问世推动了许多学科的发展和新学科的建立，其中就包括现代图形学技术。20 世纪 50 年代，计算机图形学处于准备和酝酿期，为被动式图形学阶段。1950 年，第一台图形显示器作为美国麻省理工学院（MIT）旋风Ⅰ号（WhirlwindⅠ）计算机的附件诞生了。该显示器用一个类似于示波器的 CRT 来显示一些简单的图形。1959 年，美国 Calcomp 公司将联机的数字记录仪发展成滚筒式绘图仪，GerBer 公司把数控机床发展成平板式绘图仪。该时期，只有用机器语言编程的电子管计算机，这些计算机的图形设备仅具有输出功能。

(2)　交互式图形学阶段

20 世纪 50 年代末期，MIT 的林肯实验室在"旋风"计算机上开发的 SAGE 空中防御系统第一次使用了具有指挥和控制功能的 CRT 显示器，操作者可以用笔在屏幕上指出被确定的目标。与此同时，类似的技术在设计和生产过程中也陆续得到了应用，它预示着交互式计算机图形学的诞生。1962 年，MIT 林肯实验室的 Ivan E. Sutherland 发表了一篇题为《Sketchpad：一个人-机通信的图形系统》的博士论文，他在论文中首次使用了"计算机图形学"（Computer Graphics）这个术语，证明了交互式计算机图形学是一个可行的、有用的研究领域，从而确定了计算机图形学作为一个崭新的科学分支的独立地位。其论文中所提出的一些基本概念和技术，如交互技术、分层存储的数据结构等，至今还在广泛应用。

20 世纪 60 年代中期出现了随机扫描的显示器，它具有较高的分辨率和对比度，具有良好的动态性能，为了避免图形闪烁，通常需要以 30 次/秒左右的频率不断刷新屏幕上的图形。为此需要一个刷新缓冲存储器来存放计算机产生的显示图形的数据和指令，还要有一个高速的处理器（这在 20 世纪 60 年代中期是相当昂贵的），因而成为影响交互式图形生成技术进一步普及的主要原因。在此期间，美国 MIT、通用汽车公司、贝尔电话实验室和洛克希德公司开展了计算机图形学的大规模研究，同时，英国剑桥大学等也开始了这方面的工作，从而使计算机图形学进入了迅速发展并逐步得到广泛应用的新时期。

20 世纪 60 年代后期出现了存储管式显示器。它不需要缓存及刷新功能，价格比较低廉，分辨率高，显示大量信息也不闪烁。但是它却不具有显示动态图形的能力，也不能有选择性地进行删除、修改图形。虽然，存储管式显示器的推出对普及计算机图形学起到了促进作用，但对于交互式计算机图形学的需求，其功能还有待进一步的改进和完善。

（3）实用化阶段

20 世纪 70 年代是计算机图形学相关技术进入实用化的阶段。交互式的图形系统在许多国家得到应用，许多新的更加完备的图形系统也不断研制出来。除了传统的军事上和工业上的应用之外，计算机图形学还应用于教育、科研和事务管理等领域。20 世纪 70 年代中期出现了廉价的固体电路随机存储器，可以作为比十年前大得多的刷新缓冲存储器，因而就可以采用基于电视技术的光栅图形显示器。在这种显示器中，被显示的线段、字符、图形及其背景色都按像素一一存储在刷新缓冲存储器中，按光栅扫描方式以 30 次/秒的频率对存储器进行读写，以实现图形刷新而避免闪烁。光栅图形显示器的出现使计算机图形生成技术和电视技术相衔接，使图形处理和图像处理相渗透，使生成的图形更加形象、逼真，因而更易于推广和应用。

20 世纪 70 年代末，美国安装图形系统达 12000 多台（套），使用人数超过数万人。直到 20 世纪 80 年代初，和别的学科相比，计算机图形学还是一个很小的学科领域。主要原因是图形设备昂贵、功能简单、基于图形的应用软件缺乏。后来出现了带有光栅图形显示器的个人计算机和工作站，如美国苹果公司的 Macintosh、IBM 公司的 PC 及兼容机、Apollo、Sun 工作站等，才使位图图形在人-机交互中的使用日益广泛。位图（bitmap）是用 0、1 表示的矩阵阵列来显示屏幕上点（像素：pixel）。位图图形学付诸应用不久，就出现了大量简单易用、价格便宜的基于图形的应用程序，如用户界面、绘图、字处理、游戏等，推动了计算机图形学的发展和应用。20 世纪 80 年代，计算机图形系统（含具有光栅图形显示器的个人计算机和工作站）已超过数百万台（套），不仅在工业、管理、艺术领域发挥巨大作用，而且已进入家庭。

（4）迅速发展期

20 世纪 90 年代，计算机图形学的功能除了随着计算机图形设备的发展而提高外，其自身也朝着标准化、集成化和智能化的方向发展。在此期间，国际标准化组织（ISO）公布的有关计算机图形学方面的标准越来越多，且更加成熟。多媒体技术、人工智能及专家系统技术和计算机图形学相结合使其应用效果越来越好。科学计算的可视化、虚拟现实环境的应用又向计算机图形学提出了许多更新更高的要求，使三维乃至高维计算机图形学在真实性和实时性方面有了飞速发展。

1.1.3 计算机图形学的基本研究内容

计算机图形学研究如何从计算机模型出发，把真实的或想象的物体画面描绘出来。主要研究内容包括景物的几何建模方法、对模型的处理方法、几何模型的绘制技术、图形输入和控制的人机交互界面。涉及的算法如下。

① 基于图形设备的基本图形元素的生成算法，如用光栅图形显示器生成直线、圆弧、二次曲线、封闭边界内的填色、填图案、反走样等。

② 基本图形元素的几何变换、投影变换、窗口裁剪等。

③ 自由曲线和曲面的插值、拟合、拼接、分解、过渡、光顺、整体或局部修改等。

④ 图形元素（点、线、环、面、体）的求交、分类以及集合运算。

⑤ 隐藏线、面消除以及具有光照颜色效果的真实图形显示。

⑥ 不同字体的点阵表示，矢量中、西文字符的生成及变换。

⑦ 山、水、花、草、烟云等模糊景物的生成。

⑧ 三维或高维数据场的可视化。

⑨ 三维形体的实时显示和图形的并行处理。

⑩ 虚拟现实环境的生成及其控制算法等。

1.1.4   计算机图形系统的功能

计算机图形学涉及的问题包括图形输入、图形计算、图形存储、图形输出等，因此，一个计算机图形系统至少应具有计算、存储、输入、输出、交互等基本功能，各功能关系如图 1.1 所示。图形系统中图形的处理流程为：①利用各种图形输入设备及软件或其他交互设备将图形输入到计算机中，以便进行处理；②在计算机内部对图形进行各种变换（如几何变换、投影变换）和运算（如图形的并、交、差运算等）；③处理后，将图形转换成图形输出系统便于接受的表示形式，并在输出设备上输出；④在交互式的系统中上述过程可重复进行多次，直至产生满意的结果。

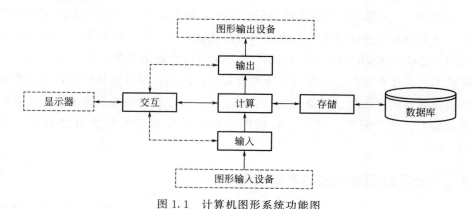

图 1.1   计算机图形系统功能图

（1）图形输入

图形输入的常规方法是将事先写好的源程序（指令）在图形输入设备上输入，即所谓的编程输入，这使人、机之间的交互作用缓慢。对于工程上常用的一类规格化图形，可以编制一个通用程序，采用格式数据输入的办法得到图形。但是在处理三维的或是形状复杂的物体时还有较多的困难，输入数据太多就是其中之一。目前，三维图形输入手段包括：①通过对基本体元的构拟（例如三维布尔运算）产生新的、复杂的三维物体；②通过参数设计，特别是在工程上，参数化图库的建库理论和图形中零件数量的多少在某种意义上已经成为衡量一个 CAD 系统应用性的标志。

常用的图形输入设备包括键盘、鼠标、跟踪球、空间球、光笔、触摸板、图形扫描仪、数字化仪、手写输入板、语音输入、数据手套等。输入设备也在不断发展，如在 CES 2013 展会上就出现了一款虚拟现实（virtual reality，简称 VR）系统中所用的 3D 鼠标——鸟标，该鸟标具有 6 个自由度（包括三维平移和三维转动），如图 1.2 所示。

图 1.2　鸟标在 6 个自由度空间中自由操作

（2）图形计算

1）图形描述　一个图形物体的概括性描述叫作模型，它能被计算机识别并被转换成相应的图形在屏幕或绘图机上输出，而图形是人们所看到的模型的表征。有时也把两者混为一谈，不严格地加以区别。在三维空间描述的是几何形体和几何曲面，只有在平面上它才是人们通常所称的图形。

几何形体以封闭的表面表示，一般为一个由平面和曲面围成的多面体。一个几何形体在空间上应是完备的（几何性和拓扑性），而且包含足够的用于推导任何空间函数（如直线方程、平面方程、曲面构造等）以及进行各种形体运算与处理的信息。

在多面体表示中，基本元素（面、环、棱和顶点）的信息可分为两大类。

①几何信息：用以确定每个分量在欧氏空间中的几何位置（如点坐标）和描述（如平面方程系数）。

② 拓扑信息：用来定义几何元素的数目及相互间的连接关系。

几何信息只考虑点、线和面，而拓扑信息将点看作顶点，将线限制为棱（线段、向量），由外环和内环定义出面和内孔等。显然，对于一个完整的描述，几何信息和拓扑信息两者都是必要的。

一个多面体各元素之间的拓扑关系可以互相导出，理论上只需存储一种关系就行了。但由于关系的推导要付出代价，所以一般的系统常同时存储若干种拓扑关系。这些拓扑关系既要能表示出几何形体的构造，又要尽量压缩信息的存储量，且要便于检索和修改，便于计算机的自动生成。

对于曲面几何形体，需要研究自由曲线和自由曲面的建立。其中，用于插值和数学放样的三次样条函数是应用得最早、研究得最详尽的一种。

平面上图形的描述是基于直线和圆弧的描述，由这两种基本几何元素可构成平面上的任何图形，因而直线段和圆弧段也叫基本几何段。

2）图形变换　一个图形系统需具有图形变换的功能。这种变换包括二维变换、三维变换和投影变换三种。对应于几何元素及其选定的坐标系，则分为几何变换和坐标系变换两种。在构造、产生、处理和输出图形的各个环节，图形变换起着重要的作用。

人们可以直接定义一个几何图形或几何体，也可通过对某些几何体的变换去构造新的几何体或其中的某个部分。这种变换可以是平移、放大（缩小）、旋转、反射、错切等。一个三维场景通常就是由一些基本几何元素通过上述操作构造的。例如，可以通过平移的办法装配一幢建筑物的大部分窗子，这使图形输入大为简化。在进行图形处理的过程中，可以放大一个图形以便使其某一部分能更清楚地显示或缩小图形以看到图形的更多部分。

在显示或绘制一个环境的时候，需要将三维几何信息映射到二维屏幕上。轴测投影、平行投影和透视投影用于完成这项工作，在视点改变得非常快或物体相对运动的应用场合，变换必须反复运用。因此，找到一个有效的方法实现图形变换是十分重要的。

采用向量、矩阵和齐次坐标的形式描述图形变换是一种比较好的办法，它允许将线性代数的一些基本理论应用到图形变换中。例如一个矩阵对应于一个变换，图形的连续变换可由矩阵的相乘实现，而逆矩阵对应于一个逆变换。所有的变换都基于点变换，例如对一条线段的变换只需考虑其两个端点的变换就可以了。基本几何元素描述的变换也和点的变换有密切的联系，例如描述一条直线的方程系数在不同坐标下的关系也可由点变换的相应变换矩阵求得。

3）图形运算　在三维空间，图形运算是一种几何形体的运算，这种操作通常叫作物体造型或几何造型。设计人员通过修改立方体、圆柱体之类的基本体元来生成形体。例如，通过用集合论中的并、交、差等进行各种布尔运算把一些基本物体元组合起来。设计人员的职责是把各体元正确地定位下来，使这些运算能进行下去。另外，几何造型系统还负责估计各体元之间的交互作用、各种相交出现的位置以及它们之间的相互关系，以确保生成正确的三维形体，系统还必须在计算机限制下尽可能精确地完成相交分析。

几何造型系统常处理一些比较简单的体元，如立方体、圆柱体、楔、嵌条、以直线或圆弧为边界的薄片等，所涉及的线和面在几何上是简单的直线、圆弧、平面和圆柱面，处理这些体元，从概念上来说是比较容易的。但主要困难在于：虽然几何简单，但多个元素的拼合却是复杂的。故对于复杂形体的组合问题，所需的几何算法的效率就变得十分重要，需进行几何复杂性分析。

几何造型系统较早期图形系统的优越之处在于：无须人为干预就能预定形体与执行一连串运算，即具有高度自动化的图形定义或构造、产生处理或演变功能。

几何元素的定向在图形运算中起着相当大的作用，如平面图形的几何运算就是建立在以向量为基本几何元素的环的基础上实现的。直线和圆弧这两种基本几何段的相贯运算是平面图形运算的基础，保证这些算法的准确性、提高这些算法的效率是计算机图形系统的一项基础性工作。

中央处理器完成对图形的描述、建立、修改等各种计算，并对图形实现有效的存储。许多外设所增加的固化的图形处理功能可接受更高级的绘图命令，实现图形的缓冲，以及完成大部分图形函数的功能，从而大大减轻了 CPU 的负担。

(3) 图形输出

图形输出是人机交互系统中人们能够得到的最直观的结果。它直接向人们显示出计算机图形系统的效果。相对而言，图形输出是计算机图形学中研究得最早、最深入、解决得最好的部分。

图形只是三维物体的某一个特定的不完整的表示。而物体有一种图里没有的、与众不同的特性——完全的三维定义。人们可以随意地在三维空间中把物体旋转或平移，以及进行物体的综合，但一般不能用图形做到这一点。图形输出主要涉及以下几个方面的问题。

① 基本几何（点、直线、圆及圆弧等）和文字的光栅化显示，几何裁剪算法。

② 基本几何的描述、相交算法，曲线拟合和双圆弧逼近算法，动态显示的插值算法。

③ 隐藏线、隐藏面消除算法。

④ 光照模型及算法。

⑤ 大规模场景显示算法等。

在图形输出中较为典型、困难和复杂的问题是隐藏线或隐藏面的问题，它广泛涉及计算机图形学中的众多问题，其中分类算法有着重要的影响。

计算机制作的图形主要由点、线、折线、文本、填充区域、光栅图像组成。其中，光栅图像以数值数组的形式存储在计算机中，数组的整体称为一个像素图（也称位图）。

图形输出设备包括图形显示设备和图形绘制设备。图形显示设备用于在屏幕上输出图形，包括基于阴极射线管的监视器、液晶显示器、等离子显示器等；图形绘制设备用于把图形画在纸上，也称硬拷贝，包括打印机、绘图仪等。

光栅显示器是计算机图形主要显示设备，光栅显示器上图形显示过程如下：图形软件存储在系统内存，通过 CPU 指令执行计算，计算出每个像素的数值装载到帧缓冲区中。扫描控制器引发帧缓冲区通过转换器将每个像素输送到显示平面合适的物理位置。转换器接受像素值，将其转换为相应的色彩值，并在显示器生成一个彩色点。详见图 1.3。

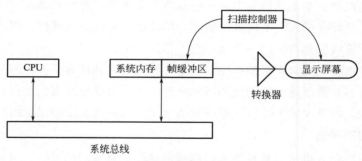

图 1.3　光栅显示器上图像显示过程

（4）图形存储

图形数据库可以存放各种图形的几何数据及图形之间的相互关系，并能快速方便地实现图形的删除、增加、修改等操作。

在进行物体的几何造型时，为了用一种有意义的形式（计算机制图）为用户提供几何信息，让用户以正常的方法与几何模型产生交互作用，要特别注意几何算法、几何复杂性问题及计算的效率。

几何复杂性包括空间复杂性和时间复杂性。前者指存储量的问题，后者则是指计算工作量。

在工程上，如果要画一条船的网状立体图，就将船的纵向分成 207 等份，高度方向分成 30 等份，那么网格点数就达 $207 \times 30 \times 2 = 12420$ 个，仅几何信息所需的数据存储量就达 $12420 \times 3 \times 4 = 149040$ bytes。

设给定 n 个已经排序的数的队列，现在要插入一个新的数到这个队列中，并保持队列原有的次序。例如，已知 5 个数的队列：1，2，5，7，8，现插入数 3 到此队列中变成新队列：1，2，3，5，7，8，插入比较的次数最多为 n 次，因此为 O(n) 次计算。应用二分法，可降为 O(lg2n) 次。

降低几何复杂性是几何算法的一个努力目标，它可以提高算法的效率。随着使用计算机进行几何设计的逐渐增加以及要解决问题的范围不断扩大，算法仅仅能够工作已经无法满足需求，效率、精度和正确性的问题已变得非常重要。

1.1.5　计算机图形系统的组成

计算机图形系统由软件系统和硬件系统构成。其中，软件系统包括数据结构、图形应用软件、支撑软件；硬件系统包括计算机平台、图形设备等，具体如图 1.4 所示。

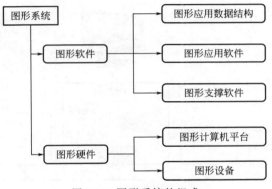

图 1.4　图形系统的组成

图形应用数据结构对应一组数据文件，存储了生成图形对象的全部描述信息。图形支撑软件指支持图形处理的操作系统，如 Macintosh、Windows、Unix、Linux、各种嵌入式 OS 等。图形应用软件建立于图形支撑软件上，包括三种类型。

(1) 通用软件包

用现有某种计算机语言写成的子程序包。使用时按相应计算机语言的规定调用所需要的子程序生成各种图形，如 GKS、OpenGL 等。

(2) 基于通用语言的扩展图形软件

扩充某种计算机语言使其具有图形生成和处理功能，如 Fortran、Pascal、Basic（Visual Basic）、C、C++（Visual C++）、C♯、AutoLisp 等。

(3) 专用图形软件包

针对某一种设备或应用，设计/配置专用的图形生成语言或函数集，如用于场景描述的 Open Inventor、建立虚拟世界的三维模型 VRML、生成三维 Web 显示的 Java3D、创建 Java applet 中二维场景的 Java 2D、生成各种光照模型下场景的 Renderman Interface（Pixar）等。

（4）专业图形应用系统

针对某类应用或专业领域而专门开发，如制造领域的 Unigraphics、Pro/Engineer 等，数值计算与可视化领域的 MATLAB，虚拟实验/虚拟仪器领域的 Protel、EWB、LabVIEW 等，GIS 领域的 Mapinfo、ArcGIS 等，效果设计/动画领域的 3D Studio MAX、Maya、Coreldraw 等，图像/画图处理领域的 Photoshop、Painter、Illustrator 等，网页设计软件 Dreamweaver/Flash/Firework 等。

计算机图形系统中用来生成、处理和显示图形的硬件包括中央处理器 CPU、系统存储器、图形输出设备、图形输入设备、图形卡、视频卡等，如图 1.5 所示。

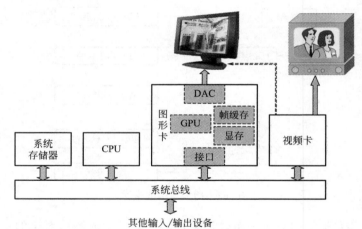

图 1.5　图形系统硬件组成模块示意图

CPU 完成对图形的描述、建立、修改等各种计算，并对图形实现有效的存储。

图形卡是连接计算机和显示终端的纽带，不仅存储图形，还能完成大部分图形函数，减轻了 CPU 的负担，提高了显示能力和显示速度。

显卡根据 CPU 提供的指令和有关数据将程序运行过程和结果进行相应的处理并转换成显示器能够接受的文字和图形显示信号，通过屏幕显示出来。常见显卡的结构包括显卡 BIOS 芯片、图形处理芯片、显存、数模转换器（RAMDAC）芯片、接口等。显卡 BIOS 芯片主要用于保存 VGA（Video Graphics Array，视频图形阵列）BIOS 程序。VGA BIOS 是视频图形卡的基本输入、输出系统，主要用于显卡上各器件之间正常运行时的控制和管理，BIOS 程序的技术性能对整个显卡的性能有很大影响。图形处理芯片 GPU 是显卡的核心，可将它看作是完成图像生成与操纵的、独立于 CPU 的一个本地处理器，它管理与系统总线的接口，这个接口应具有零等待的猝发式传送能力。其主要作用是依据设定的显示工作方式，自主地、反复不断地读取显示存储器中的图像点阵数据，将它们转换成 R、G、B 三色信号并配以同步信号送至显示器，即刷新屏幕。显存（也称为帧缓存）主要用来保存由图形芯片处理好的各帧图形显示数据，然后由数模转换器读取并逐帧转换为模拟视频信号再提供给显示器使用。数模转换器将数字信号转换为模拟信号，使显示器能够显示图像。同时，数模转换器影响显卡的刷新率和输出的图像质量。显示器必须依靠显卡提供的显示信号才能显示出各种字符和图像。

1.2 数字化快速成型技术概述

1.2.1 基本概念及特点

成型制造是设计与加工的过程，材料成型的基本方法包括去除成型（Dislodge Forming）、受迫成型（Forced Forming）、堆积成型（Additive Forming）、生长成型（Growth Forming）。

(1) 去除成型

指去除余量材料而成型，如车、铣、刨、钻、电火花加工、等离子切割、化学腐蚀、水射流强力侵蚀等。其特点是：①成型精度高，是目前大批量生产的主要成型手段；②成型形状受到刀具干涉的限制，无法成型弯曲贯通的内孔，无法制造具有材料梯度的结构；③成型过程与材料制备过程无关（大大限制了其应用领域）。

(2) 受迫成型

指材料在型腔的约束下成型，如铸造、锻压、注塑等。其特点是：①成型过程需要制造模具，周期长，成本高，成型的柔性很低，仅适用于大批量生产；②成型形状可以十分复杂，但成型精度低；③成型过程与材料的制备有一定程度的结合。

(3) 堆积成型（快速成型）

指根据离散/堆积原理，在 CAD 模型直接驱动下完成材料的有序堆积而成型，被称为快速成型（Rapid Prototyping，RP）技术。其特点是：①无须任何模具等专用工具，只需将零件的 CAD 模型（数字模型）输入计算机，无须人工编程，可自动完成零件的制造；②材料制备和成型过程紧密结合；③能够加工形状极其复杂的零件，可成型梯度结构，适应多种不同材料；④成型精度适中；⑤成型柔性在各种成型方法中最高；⑥整合了信息处理技术和物理成型技术，并正朝着更紧密结合的方向发展；⑦大批量定制生产的主要生产模式。

（4）生长成型

指通过细胞的可控复制、装配而堆积成型，生长物具有特定的形状，能够完成特定的功能。其特点是：①信息处理过程和物理成型过程紧密结合；②材料制备与材料成型紧密结合，是材料成型的最高层次。

三维数字化快速成型（3D Rapid Prototyping）是 20 世纪 80 年代末、90 年代初发展起来的堆积成型（快速成型）技术，具体指在三维几何模型的基础上，根据工艺要求，按照一定规则将实体的三维模型离散为一系列有序的单元，然后向层片信息中添加实体的材料信息，根据所给的几何路径形成一个具有一定层厚的剖切面，通过如此层层堆积得到三维实体的技术，又称为增材制造（Additive Manufactory，AM）、任意成型（Freedom Fabrication）、快速原型/零件制造（Rapid Prototyping/Manufactory）、3D 打印（3D Printing）等。

数字化快速成型包括数字化模型构建、格式转换、成型、后处理等步骤，具体如图 1.6 所示。

快速成型是在现代 CAD/CAM 技术、激光技术、计算机数控技术、精密伺服驱动技术以及新材料技术的基础上集成发展起来的。不同种类的快速成型系统

① 构建产品数字化模型；
② 转换为STL格式；
③ 数字化模型加载到成型机；
④ 成型参数设置；
⑤ 在成型机上进行产品制造成型；
⑥ 从成型机移除成型件；
⑦ 后处理；
⑧ 产品投入使用。

图 1.6　三维数字化快速成型过程

因所用成形材料不同，成形原理和系统特点也各有不同。但是，其基本原理都是一样的，即"分层制造，逐层叠加"，类似于数学上的积分过程。形象地讲，快速成型系统就像一台"立体打印机"。因此，俗称其为 3D 打印。

3D 打印以智能化处理后的 3D 数字模型文件为基础，运用粉末状金属或塑料等可热熔黏合材料，通过分层加工、叠加成型的方式"逐层增加材料"来生成 3D 实体。图 1.7 所示的雕塑是用复杂的激光烧结而成的，具有复杂的内部中空、凹陷、互锁或者大量规则细节图案的形状，由于 3D 打印为一次成型，减少了零部件的装配，是首选的制造方式。

图 1.7 快速成型的任意复杂形状

快速成型技术在新产品开发、医学、文物保护、快速模具等领域具有重大的应用潜力。例如，GE 自 2003 年开始研究 3D 打印技术，已用激光烧结技术成功打印出了航空发动机的重要零部件，使该零件成本缩减 30%、制造周期缩短 40%。2012 年 11 月 20 日，GE 成功应用 3D 打印技术生产了 LEAP 航空发动机的喷嘴。

英国布里斯托附近的欧洲航空防务和航天公司采用先进的快速成型技术用尼龙粉末打印出了一辆功能完备的空气自行车，该自行车由 6 部分组成，强度与钢铁和铝制自行车不相上下，重量比铝还轻 65%。

三维数字化快速成型突破了传统的加工模式，是近 20 年制造技术领域的一次重大突破。该技术具有以下特点。

(1) 快速性

从 CAD 设计到原型零件制成，一般只需几个小时至几十个小时，速度比传统的成型方法快得多，快速成型技术尤其适合于新产品的开发与管理。

(2) 设计制造一体化

落后的 CAPP 一直是实现设计制造一体化的一个障碍，而对于快速成型来说，由于采用了离散堆积的加工工艺，CAPP 已不再是难点，CAD 和 CAM 能够很好地结合。

(3) 自由成型制造

自由的含义有两个：一是指可以根据零件的形状，无须专用工具而自由地成型，可以大大缩短新产品的试制时间；二是指不受零件形状复杂程度限制。

（4）高度柔性

仅需改变 CAD 模型，重新调整和设置参数即可生产出不同形状的零件模型。

（5）材料的广泛性

快速成型技术可以制造树脂类、塑料类原型，还可以制造出纸类、石蜡类、复合材料、金属材料和陶瓷材料的原型。

（6）技术的高度集成

快速成型是计算机、数控、激光、材料和机械的综合集成，只有在计算机技术、数控技术、激光器件和功率控制技术高度发展的今天才可能诞生快速成型技术，因此快速成型技术带有鲜明的时代特征。与反求工程、CAD 技术、网络技术、虚拟现实技术等相结合，成为产品快速开发的有力工具。零件的复杂程度和生产批量与制造成本基本无关。

1.2.2　三维数字化快速成型的发展

（1）理论研究阶段

快速成型技术的基本原理是基于离散的增长方式成型原型或制品。历史上这种"增长"制造方式由来已久，其发展根源可以追溯到早期的地形学工艺领域。1892 年，J. E. Blanther 提出了用分层制造法加工地形图的建议，并申请了美国专利。其思想是将地形图的轮廓线压印在一系列的蜡片上，切割蜡片并逐层粘接，最终形成三维地形图。1902 年，Carlo Baese 在他的美国专利（♯774549）中提出了用光敏聚合物制造塑料件的原理，这是现代第一种快速成型技术——立体平板印刷术（Stereo Lithography）的初始设想。1940 年，Perera 提出了在硬纸板上切割轮廓线，然后将这些纸板粘结成三维地形图的方法。1964 年，E. E. Zang 进一步细化了该方法，建议用透明纸板且每一块均带有详细的地貌形态标记制作地貌图。1972 年，K. Matsubara 提出在上述方法中使用光固化材料，将光敏聚合树脂涂覆到耐火颗粒上形成板层，光线有选择地投射或扫射到这个板层，将规定的部分硬化，没有扫描或没有硬化的部分被某种溶剂溶化，用这种方法形成的薄板层随后不断地堆积在一起形成模型。1976 年，P. L. DiMatteo 进一步明确地提出这种堆积技术能够用来制造用普通机加工设备难以加工的曲面，如螺旋桨、三维凸轮和型腔模具等。1977 年，W. K. Swainson 在他的美国专利中提出，通过选择性的三维光敏聚合物体激光照射直接制造塑料模型的工艺，同时 Battelle 实验室的 R. E. Schwerzel 也进行了类似的工作。

该阶段，快速成型技术原理如雨后春笋般快速发展，涌现出了上百个相关专利。此时，快速成型技术处于理论研究阶段，尚没有快速成型设备和原材料的商品化。

（2）实用化阶段

1979 年，日本东京大学 T. Nakagawa 教授等开始用薄板技术制造出实用的工具，如落料模、成型模和注射模等。其中特别值得一提的是，T. Nakagawa 教授提出了注射模中复杂冷却通道的制作可以通过这种方式来实现。1981 年，H. Kodama 首先提出了一套功能感光聚合物快速成型系统，应用了三种不同的方法制作叠层。

20 世纪 80 年代末，快速成型技术有了根本性的发展。1986 年，美国人查尔斯·W. 赫尔（Charles W. Hull）研制出以光敏树脂为原料的光固化成型（Stereo Lithography Apparatus，SLA）技术，并成立了世界上第一家生产 3D 打印设备的公司，即 3D Systems 公司。并于 1988 年推出了世界上第一台基于立体光刻技术的 3D 工业级打印机 SLA-250。同年，Scott Crump 发明了熔融沉积成型技术，并于 1989 年成立了 Stratasys 公司，1992 年推出了第一台 3D 工业级打印机。同年，美国德克萨斯大学奥斯汀分校的 C. R. Dechard 发明了选择性激光烧结工艺（SLS）。

（3）快速发展阶段

20 世纪 90 年代，快速成型技术及设备迅速发展，涌现了多种形式的快速成型技术和设备，如：

1991 年，Helisys 推出第一台叠层法快速成型系统。

1992 年，Stratasys 公司推出了第一台基于熔融沉积成型技术的 3D 工业级打印机。同年，DTM 公司推出首台选择性激光烧结打印机。

1993 年，美国麻省理工 MIT 的 Emanual Sachs 教授发明了三维打印技术（Three Dimension Printing，3DP）。

1995 年，Z Corporation 开始开发基于 3DP 技术的打印机。

1996 年，3D Systems、Statasys、Z Corp 各自推出新一代的快速成型设备。

1998 年，Optomec 成功开发 LENS 激光烧结技术。

2000 年，Objet 更新 SLA 技术，使用紫外线光感和液滴喷射综合技术大幅提高制造精度。

2001 年，Solido 开发出第一代桌面级 3D 打印机。

2003 年，EOS 开发 DMLS 激光烧结技术。

2005 年，Z Corp 公司推出世界上第一台高精度彩色 3D 打印机 Spectrum Z510。

2007 年，3D 打印服务创业公司 Shapeways 正式成立，为用户提供了一个个性化产品定制的网络平台。

2008 年，第一款开源的桌面级 3D 打印机 RepRap 发布。同年，Objet Geometries 公司推出 Connex500^{TM} 快速成型系统，这是第一台能够同时使用不同的打印原料的 3D 打印机。

2009 年，Bre Pettis 团队创立了著名的桌面级 3D 打印公司——MakerBot。

2010 年，Organovo 公司公开了第一个利用生物打印技术打印完整血管的数据资源。

2011 年，英国南安普敦大学的工程师们设计和试驾了全球首架 3D 打印的飞机，耗时 7 天，耗费 5000 英镑；同年，Kor Ecologic 推出全球第一辆 3D 打印的 Urbee；英国开发出世界上第一台 3D 巧克力打印机。

2012 年，荷兰医生和工程师们使用 LayerWise 制造的 3D 打印机打印出一个定制的下颚假体，并成功移植到一位 83 岁的老太太身上。维也纳大学利用双光子光刻技术突破了 3D 打印的最小尺寸极限，展示了一辆不到 0.3mm 的赛车模型。Formlabs 公司成立并发布了世界上第一台廉价且高精度的 SLA 个人 3D 打印机 Form1。中国 3D 打印技术产业联盟成立。苏格兰科学家利用人体细胞首次打印出人造肝脏组织。

2013 年，美国两位创客开发出基于液体金属喷射技术的家用金属 3D 打印机。

2014 年，美国南达科塔州一家名为 Flexible Robotic Environment（FRE）公司公布了最新开发的全功能制造设备 VDK6000，该设备兼具金属增材制造、减材制造、三维扫描功能。

20 世纪 90 年代初，我国清华大学、华中科技大学、西安交通大学等高校及其他科研院所在国家及地方政府资金支持下启动快速成型技术的研究工作。几所高校及部分研究机构在早期的快速成型设备及相应的材料开发中各有侧重，并于 90 年代中后期陆续推出各自具有代表性的快速成型设备。此外，香港大学、香港中文大学、香港科技大学、香港理工大学、南京航空航天大学、浙江大学、中北大学等也开展了有关设备、材料和工艺的研究；香港快速原型科技中心、深圳生产力促进中心、天津生产力促进中心等为普及和推广快速成型技术进行了卓有成效的工作。

目前，我国快速成型设备应用较多的为陕西恒通智能机器有限公司（西安交通大学）的光固化快速成型设备（SLA）、武汉滨湖机电有限公司（华中科技大学）的叠层实体快速成型设备（LOM）和粉末激光烧结快速成型设备（SLS）等、北京隆源自动成型系统有限公司的粉末激光烧结快速成型设备（SLS）、上海联泰科技有限公司的光固化快速成型设备（SLA）、清华大学的叠层实体快速成型设备和熔融沉积快速成型设备等。

1.2.3 三维数字化快速成型基本研究内容

快速成型主要研究快速成型工艺、材料与设备、软件系统等。

（1）快速成型工艺

快速成型工艺分为两大类：①基于激光或其他光源的成型技术，如立体光造型（Stereo lithography，SL）、叠层实体制造（Laminated Object Manufacturing，LOM）、选择性激光烧结（Selected Laser Sintering，SLS）、形状沉积制造（Shape Deposition Manufacturing，SDM）等；②基于喷射的成型技术，如熔融沉积制造（Fused Deposition Modeling，FDM）、三维打印制造（Three Dimensional Printing，3DP）等。快速成型技术分类如图1.8所示。

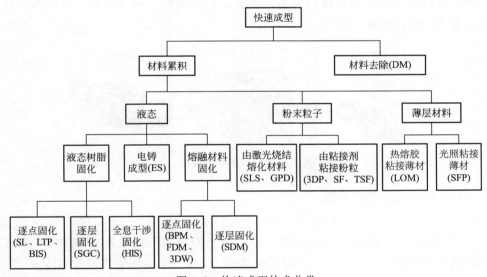

图 1.8　快速成型技术分类

SLA成型速度相对较慢，光敏树脂选择性固化是采用立体雕刻（Stereo lithography）原理的一种工艺的简称，是最早出现的一种快速成型技术。在树脂槽中盛满液态光敏树脂，它在紫外激光束的照射下会快速固化。成型过程开始时，可升降的工作台处于液面下一个截面层厚的高度，聚焦后的激光束在计算机的控制下，按照截面轮廓的要求沿液面进行扫描，使被扫描区域的树脂固化，从而得到该截面轮廓的树脂薄片。

SLS（Selected laser sintering）粉末材料选择性烧结是一种快速成型工艺，简称粉末材料选择性烧结。粉末材料选择性烧结采用二氧化碳激光器对粉末材料

（塑料粉、陶瓷与黏结剂的混合粉、金属与黏结剂的混合粉等）进行选择性烧结，是一种由离散点一层层堆集成三维实体的工艺方法。在开始加工之前，先将充有氮气的工作室升温，并保持在粉末的熔点以下。

LOM 是一种递增型的生产过程，涉及不同材料的连续叠层堆积成型，使用激光或刀片切割层压薄片使其形成三维形状。根据数字文件产生的路径，板材被一层层黏合起来，可使用的板材有黏合剂涂料纸、塑料。

FDM 是一种递增型的生产过程，采用不同的材料连续叠层成型，使用一个加气机来压出加热丝使其形成三维形状。根据数字文件产生的路径，细丝被熔融并一层层固化起来，可使用的支撑料和本体材料是热塑性材料。

（2）快速成型设备与材料

快速成型设备与材料是快速成型技术发展的核心，直接影响所加工原型产品的成型速度、精度、物理及化学性能。快速成型设备，俗称 3D 打印机，是一种三维计算机辅助设计信息输出设备，主要由控制组件、机械组件、打印头、耗材、介质等架构组成（图 1.9）。

三维CAD文件   三维打印机   三维模型

图 1.9   3D 打印成型流程

（3）快速成型软件系统

快速成型软件系统包括以下三种。

1）CAD 造型软件   快速成型（3D 打印）的核心是智能数字化软件，通过计算机生成数字化 3D 模型，再输入到 3D 打印机。主要负责零件的几何造型、支撑结构设计及 STL 文件输出等。最简单的几何表示是采用传统建模工具，如 Solidworks、AutoCAD、3ds Max、Maya、Rhino3D、ZBrush 等三维商业设计软件以及 Blender、Tinkercad、3Dtin、SketchUp 等多款免费设计软件，来表达曲面网格形状。其次是使用参数化设计软件，智能化的编程式设计等。

2）数据检验与处理软件   负责检验输入的 STL 文件的合理性并修正错误、做几何变换、选择成型方向、零件排样合并、进行文体分层。一般由 RP 设备生产厂家自行开发。

3）监控系统软件   完成分层信息输入、加工参数设定、生成 NC 代码、控制实时加工等，与采用的数控系统关系密切。

1.3 三维数字化快速成型与计算机图形学的关系

计算机图形学研究如何从计算机数字化模型出发，把真实的或想象的物体画面描绘出来。计算机图形学已经广泛地用于计算机辅助设计、广告、影视特效、医学、地理学等领域。随着社会对数字化生存的依赖日益加强，计算机图形学、计算机视觉、模式识别与智能系统、工程材料学、机器学习等其他交叉学科逐渐与快速成型技术融合，本书中将其称为三维数字化快速成型技术。

三维数字化快速成型的基础是产品原型的数字化表达，即构建产品的数字化模型，便于在计算机图形终端上进行产品数字化模型编辑、显示、仿真、加工和修改等。可见，三维数字化成型技术是计算机图形学等学科不断发展所抵达的最新阶段，为快速成型的发展提供了技术保障，而三维数字化快速成型为计算机图形学的发展提供了驱动力。

本章习题

1. 图形与图像的区别在哪里？

2. 快速成型与传统成型方式比较有何特点？

3. 通过课外阅读了解计算机图形系统的硬件设备发展现状及其工作原理，如液晶显示器的种类及工作原理等。

## 第 2 章

OpenGL编程基础

2.1 OpenGL 工作流程

OpenGL（Open Graphics Library，开放性图形库）是一个三维的计算机图形和模型库，最初是美国 SGI（Silicon Graphics Incorporated）公司为图形工作站开发的一种可以独立于窗口系统、操作系统和硬件系统环境的功能强大的三维图形机制。它源于 SGI 公司为其图形工作站开发的 IRIS GL，在跨平台移植过程中发展成为 OpenGL。

OpenGL 被严格定义为"一种到图形硬件的软件接口"。从本质上说，它是一个完全可移植并且速度很快的 3D 图形和建模库，是一种 API（Application Programming Interface，应用程序编程接口），而不是一种编程语言。使用 OpenGL 可以创建视觉质量接近射线跟踪程序的精致漂亮的 3D 图形。

OpenGL 可以运行在当前各种流行操作系统上，如 Mac OS、Unix、Windows、Linux、OPENStep、Python、BeOS 等。各种流行的编程语言都可以调用 OpenGL 中的库函数，如 C、C++、Fortran、Ada、Java、Delphi。OpenGL 完全独立于各种网络协议和网络拓扑结构，现在 OpenGL 在实际应用中已成为三维图形的工业标准。

OpenGL 可以处理几何物体和图像，其工作流程如图 2.1 所示。

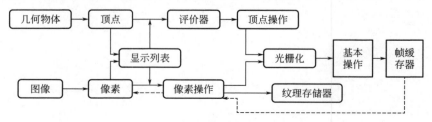

图 2.1　OpenGL 的工作流程

　　在 OpenGL 中，几何物体是由一组顶点和它所描述的图元（如点、线和多边形）组成的，而所有几何图元（点、线和多边形）最终都是用顶点描述的，顶点数据除了包含顶点坐标之外，还包含一些属性数据，这些数据沿着箭头方向传输，评价器（求值器）将其转换为顶点并对每一个顶点执行相应的顶点计算，随后光栅化为片元，执行片元操作后将光栅化后的数据送入帧缓存器。

　　对于图像，首先从内存中读出像素数据，经过像素操作（缩放、偏置和映射）后，将结果数据送入纹理内存中组装，或者将这些数据光栅化为片元后，对每个片元进行操作，最后送入帧缓存器；而从帧缓存中读出的数据经过像素操作后被送入到处理器内存中。

　　OpenGL 具有如下特点。

　　① 过程性而非描述性　OpenGL 实现对二维和三维图形基本操作的直接控制，诸如变换矩阵、光照方程系数、反走样方法和像素更新操作符等参数的指定，但不提供对复杂几何对象的描述或建模手段。发布 OpenGL 命令就是要指定如何产生一个特定的结果，而不是说明结果的确切样子。

　　② 执行模式　OpenGL 命令的解释模式是客户/服务器模式，应用程序（客户）发布命令，然后命令被 OpenGL（服务器）解释和处理。服务器可以运行在与客户机不同的计算机上，因此，OpenGL 是网络透明的。

　　配置帧缓冲或初始化 OpenGL 的工作由窗口系统完成，帧缓冲的初始化是结合窗口系统在 OpenGL 外完成的，窗口系统为 OpenGL 绘制分配窗口时实现 OpenGL 的初始化。

　　③ 图元与命令　OpenGL 可以绘制的图元包括点、线段和多边形。各图元模式的选择、图元的定义以及其他 OpenGL 操作都是通过调用相应函数来实现的。OpenGL 的命令是按接收到的顺序进行处理的，即先定义的图元画完后才会执行随后的命令，状态查询命令返回在调用它之前所有发给 OpenGL 的命令完全执行后的相应数据。

　　④ 绘制方式　OpenGL 的绘制过程多种多样，三维物体的绘制方式主要有线框绘制（wire frame）、深度优先线框绘制（depth cued）、反走样线框绘制（antialiased）、平面明暗处理（flat shading）、光滑明暗处理（smooth shading）、加阴影和纹理（shadow texture）、运动模糊绘制（motion blured）、大气环境效果（atmosphere effects）、深度域效果（depth of effects）。

　　OpenGL 是基于窗口的编程，其显著特征是事件驱动，即程序员将程序组织成回调函数的集合，当有事件发生时，调用回调函数，执行完毕后，应用程序从队列移除相应的消息，再从调用恢复成等待状态。

2.2 OpenGL 函数库

OpenGL 的主要目的是将二维、三维物体绘制到一个帧缓冲里，它包括几百个图形函数，利用这些函数可以建立三维模型和进行三维实时交互。OpenGL 的图形函数不要求把三维物体模型数据写成固定的数据格式，而是可以利用各种数据源，如 3DS、DXF 等格式文件。

基于 OpenGL 标准开发的应用程序运行时需有动态链接库 OpenGL32.DLL 和 Glu32.DLL，这两个文件在安装 Windows NT 时已自动装载到 C:\WIN-DOWS\SYSTEM32 目录下（此处假定用户将 Windows NT 安装在 C 盘上）。OpenGL 的图形库函数封装在动态链接库 OpenGL32.DLL 中，开发基于 OpenGL 的应用程序必须先了解 OpenGL 的库函数。

OpenGL 的函数大致上分为核心库、实用库、辅助库、工具库、窗口系统相关库 5 类，详见图 2.2。链接库的清单中，OpenGL 的库必须放在前面。

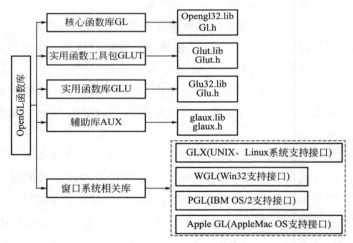

图 2.2　OpenGL 函数库

（1）OpenGL 核心库（GL）

该库包含约 150 个函数，函数名前缀为 gl，主要用于常规的、核心的图形处理，如描述图元、属性、几何变换、观察变换等。由于许多函数可以接受不同数据类型的参数，因此派生出来的函数原型达 300 多个。

（2）OpenGL 实用库（GLU）

该库包含约 40 个函数，函数名前缀为 glu，是比核心函数更高一层的库函数。主要用于实现一些较为复杂的操作，如坐标变换，纹理映射，绘制椭球、茶壶等简单多边形等。OpenGL 核心库和实用库函数可以在所有 OpenGL 平台上运行。

（3）OpenGL 辅助库（AUX）

该库包含约 30 个函数，函数名前缀为 aux。这部分函数提供窗口管理、输入输出处理以及绘制一些简单三维物体。因此，OpenGL 辅助库函数不能在所有的平台上实现。

（4）OpenGL 工具库（GLUT）

glut 是 OpenGL 应用工具包，英文全称为 OpenGL Utility Toolkit，约 30 个函数，函数名前缀为 glut。这部分函数主要提供基于窗口的工具，如多窗口绘制、空消息和定时器等，以及绘制一些较复杂物体。由于 glut 的窗口管理函数是不依赖运行环境的，因此 glut 可以在所有 OpenGL 平台上运行。作为 aux 库的替代品，其功能更强大，用于隐藏不同窗口系统 API 的复杂性，是学习 OpenGL 编程的一个良好开端。

（5）窗口系统相关库

实现 OpenGL 与不同操作系统平台的接口，专用于各自的操作系统，如 Windows 专用接口函数约 16 个，函数名前缀为 wgl；Win32 API 函数约 6 个，函数名无专用前缀，用于处理像素存储格式和双帧缓存。

2.3　OpenGL 的功能

通过调用函数库，OpenGL 可以实现几何建模、坐标变换、颜色设置、光照与材质设置、图像功能、纹理映射、实时动画、交互操作等，具体功能详见表 2.1，相应的函数详见附录 1。

表 2.1　OpenGL 功能

功能	说明
几何建模	在 OpenGL 中提供了绘制点、线、多边形等基本形体的函数，还提供了绘制复杂三维曲线、曲面（如 Bezier、Nurbs 等）和三维形体（如球、锥体和多面体等）的函数。由于 OpenGL 以顶点为图元，由点构成线，由线及其拓扑结构构成多边形，所以应用这些建模函数可构造出几乎所有的三维模型
坐标变换	包括取景变换、模型变换、投影变换和视区变换
颜色设置	RGBA 模式和颜色索引模式
光照和材质设置	可设置四种光，即辐射光、环境光、镜面光和漫反射光，材质用模型表面的反射特性表示
图像功能	提供像素拷贝和读写操作的函数，还提供反走样、融合和雾化等，以增强图像效果

功能	说明
纹理映射	把已有平面花纹图案映射到物体表面上,OpenGL 提供了一系列完整的纹理操作函数,通过该功能可十分逼真地再现物体表面的细节
实时动画	利用 OpenGL 的双缓存技术可获得平滑逼真的动画效果
交互技术	方便的三维图形交互接口(选择、拾取、反馈),可进行人机交互操作

在生成三维真实感图形时,光照和材质是不可或缺的因素,下面对 OpenGL 中的光照和材质进行阐述。

光照提供视觉感应,使三维物体看起来具有立体感,而材质就是通常所说的物体表面质感,OpenGL 用此来模拟真实世界中物体对光的反射特性。

从光源发出的光照射到物体表面时,光可能被反射、透射和吸收。被物体吸收的部分转化为热,只有反射和透射的光才可能被人的视觉系统感知,产生视觉效果,使我们看见物体。物体表面的颜色取决于物体表面的反射光和透射光的光谱分布以及物体表面对入射光中不同波长光的吸收程度;而表面的明暗程度取决于反射光和透射光的强弱。根据 RGB 颜色模型,人的眼睛是通过三种可见光对视网膜的锥状细胞进行刺激来感受颜色的。波长为 630nm(红色)、530nm(绿色)和 450nm(蓝色)时的刺激达到最高峰。通过光源中红(R)、绿(G)、蓝(B)强度的比较,人感受光颜色的变化。红、绿、蓝是这种视觉理论使用的三种基色,不同强度的几种基色加在一起可以生成另一种颜色。因此,OpenGL 假定入射光、反射光和透射光都仅由红、绿、蓝三种基色组成。

OpenGL 的光照模型是一个简化模型,只需要考虑被照物体表面反射光的影响,即物体是完全不透明的,且由理想材料构成(即没有任何吸收)。总体反射光由环境反射光(ambient light)、漫反射光(diffuse light)和镜面反射光(specular light)三种组成。

环境反射光是在物体和周围环境之间多次反射后,最终达到平衡时的一种光,又称为背景光。它用于模拟周围环境中散射到物体表面,然后再反射出来的光。环境光没有空间和方向的特征,它在任何方向的分布都相同,在所有方向上和所有物体表面上投射的环境光的量都是恒定不变的。

漫反射光是由物体表面的粗糙不平引起的,它来源于某一特定光源,当照射到物体表面上时均匀地向各个方向传播,与视点无关。

镜面反射光也是特定光源照射到物体表面产生的反射光,如点光源照射光滑金属球表面时,会在球上形成一个特别亮的区域,呈现所谓的高亮(high-light),这就是光源在该物体表面形成的镜面反射光。当点光源照射到表面光滑的物体时,高亮区域小而亮,而当点光源照射到表面粗糙的物体时,高亮区域大而不亮。

OpenGL 除了提供简单光照模型外，还提供更为复杂、丰富的光照模型，用以实现全局环境光、双面光照、光的衰减、聚光、多光源、光源位置改变等，从而绘制出更接近自然光照的效果。

(1) 全局环境光

在简单光照模型中，每一个光源都能为一个场景提供环境光，此外，还有一个环境光，它不来自任何光源，即全局环境光。

(2) 局部视点和无穷视点

视点的位置能影响镜面高光的光照计算，即顶点的高光强度依赖于顶点的法向量，以及从顶点到光源的方向和从顶点到视点的方向。为简化计算，OpenGL 采用无穷视点作为缺省值，这样可以使视点到任何顶点的方向保持固定，对一个局部视点来说，物体每个顶点到视点的方向不同，需要逐个计算，虽然整体性能降低，但效果更为真实。

(3) 双面光照

OpenGL 对所有多边形的正面和反面都执行光照计算，但通常只设置多边形正面的光照条件，多边形的反面不进行照射。对于一个实心球体，通常我们只关心球体的外表面的照射效果。如果球被剖分开，那么就需要考虑球体内表面的光照问题，即双面光照问题。实际上，OpenGL 只给多边形的反面定义了一个反方向的法矢量。这意味着多边形可见的正面和多边形可见的反面都朝向视点。因此，多边形所有的可见面都可以进行正确的光照计算。

(4) 衰减光源

光源按位置可以划分成无穷远光源和近光源两种。无穷远光源又称为定向光源，这种光源发出的光线到达物体表面时是平行的；近光源又称为定位光源，光源在场景中的位置影响着场景的光照效果，尤其影响光到达物体方向。对于无穷远光源，光的强度与距离无关，即定向光无衰减；而对于近光源，离光源的距离越远，光的强度就越小，即近光源有衰减。OpenGL 的光衰减是通过光源的发光量乘以衰减因子计算出来的。环境光、漫反射光和镜面光的强度都会衰减，只有辐射光和全局光的强度不会衰减。

(5) 聚光源

所谓聚光源就是把光源形状限制在一个圆锥内，以模拟真实世界的聚光灯。同衰减光源一样，聚光源也是位置光源，其实际上是调整了 OpenGL 关于定位光源的衰减计算。因素包括聚光灯的位置、发散半角（即光锥与中心线的夹角）、聚光方向（即光锥轴的方向）和聚光指数（即光的集中程度）。

(6) 多光源

在 OpenGL 中，最多可以设置八个光源。在多光源的情况下，OpenGL 需要计算各个顶点从每个光源接受的光强。这样会增加计算量、降低性能。因此，在实时仿真中，最好尽可能少地使用多光源。

(7) 辐射光

辐射光可以实现使物体看起来像发出了一种颜色光一样的效果。尽管现实中的物体（除光源外）不发光，但可以利用这一效果模拟灯或其他光源。

在 OpenGL 中，通过定义材料对红、绿、蓝三色光的反射率来近似定义材料的颜色，同光源一样，材料颜色也分为环境、漫反射和镜面反射成分，它们决定了材料对环境光、漫反射光和镜面反射光的反射率。在进行光照计算时，材料的每一种反射率与对应光相结合，对环境光与漫反射光的反射程度基本决定了材料的颜色，并且两者十分接近，而对镜面反射光的反射率通常为白色或灰色（即对红绿蓝三色的反射率一致），镜面反射的亮度区域将具有光源的颜色。

2.4 配置绘图环境

2.4.1 VS 环境配置

将从 http：//www.opengl.org/resources/libraries/glut/glutdlls37beta.zip 下载的压缩包解开，得到 5 个文件（glut.dll，glut32.dll，glut.lib，glut32.lib，glut.h），接着按以下步骤进行配置。

① 把 glut.h 复制到 "C:\Program Files(x86)\Microsoft SDKs\Windows\v7.0A\Include\gl" 目录下。

② 把 glut.lib 和 glut32.lib 放到安装目录 X:\Program Files(x86)\Microsoft Visual Studio 10.0\VC\lib 下。

③ 把 glut.dll 和 glut32.dll 放到操作系统目录下面的 C:\Windows\System32（windows7 32 位操作系统）或 C:\Windows\SysWOW64（windows7 64 位操作系统），同时把 glut32.dll 放到安装目录 "X:\Programfiles(x86)\Microsoft Visual studio 10.0\VC\bin" 下。

④ 如在开发应用程序时用到 OpenGL 辅助库函数，则还需下载相应动态链接库，包含 glaux.dll、glaux.lib、glaux.h，相应步骤同上。

⑤ 以 Visual Studio 2010 为例，新建一个项目，操作步骤为：File/New/Project，选择 Win32 console Application，选择一个名字，点击 OK，根据向导完成相关设置，直至 Finish。然后选择 project->project property->Configuration Properties->Linker->Input->Additional Dependencies，在其中添加 open-gl32. lib、glu32. lib、glut32. lib 等库函数。

完成的第一个 OpenGL 程序源代码如下：

```
#include<gl\glut. h>                    //包含在 GLUT 库的函数
void myDisplay(void)
{glClear(GL_COLOR_BUFFER_BIT);          //清除颜色缓冲区
    glRectf(-0.5f,-0.5f,0.5f,0.5f);     //绘制边长为 1 的矩形
    glFlush();
}
int main(int argc,char * argv[])
{
    glutInit(&argc,argv);               //初始化 GLUT 库
    glutInitDisplayMode(GLUT _ RGB |    //设置显示模式,分配单个显示缓存,且颜色
GLUT_SINGLE);                           //  由所需的红、绿、蓝三色的数量来指定
    glutInitWindowPosition(100,200);    //设置初始窗口的位置,窗口左上角(x,y)
                                        //  坐标为(100,200)
    glutInitWindowSize(400,500);        //设置窗口大小,其宽度和高度分别为 400
                                        //  和 500 像素
    glutCreateWindow("第一个 OpenGL     //创建顶层窗口,窗口的名字为括号中的
程序");                                 //  参数
    glutDisplayFunc(&myDisplay);        //注册当前窗口的显示回调函数
    glutMainLoop();                     //进入 GLUT 事件处理循环,该函数在 GLUT
    return 0;                           //  程序中最多只能调用一次,一旦被调用就
}                                       //  不再返回,并且调用注册过的回调函数。
```

屏幕的左上角的坐标为（0，0），横坐标向右逐渐增加，纵坐标向下逐渐增加。

2.4.2　基于 MFC 的编程环境配置

OpenGL 和 GDI（Windows 的图形设备接口）的像素格式不同，而缺省的像素格式是 GDI 像素格式，所以需要为执行 OpenGL 绘制任务的窗口专门指定像素格式。而一个窗口只能设置一次像素格式，否则将引起内存崩溃。这部分工作一般在 OnCreate 函数中实现，包括填充 PFD（即 Pixel Format Descriptor）数据结构和处理像素格式（相应的函数详见表 2.2）两部分。

PFD 结构说明了绘制平面的像素结构，定义如下：

Typedef struct tagPIXELFORMATDESCRIPTOR

```
{   WORD nsize;                    //PFD 的大小
    WORD nVersion;                 //版本号
    DwORD dwFlagS;                 //像素缓冲区特性标志位
    BYTE cColorBits;               //颜色缓冲区中的位平面数量
    BYTE cRedBits;                 //RGBA 色彩缓冲区中红色位平面的数目
    BYTE cRedShift;                //RGBA 色彩缓冲区中红色位平面的偏移数目
    BYTE cGreenBits;               //RGBA 色彩缓冲区中绿色位平面的数目
    BYTE cGreenShift;              //RGBA 色彩缓冲区中绿色位平面的偏移数目
    BYTE cBlueBitS;                //RGBA 色彩缓冲区中蓝色位平面的数目
    BYTE cBlueShift;               //RGBA 色彩缓冲区中蓝色位平面的偏移数目
    BYTE cAlphaBitS;               //RGBA 色彩缓冲区中 alpha 位平面的数目
    BYTE cAlphaShift;              //RGBA 色彩缓冲区中 alpha 位平面的偏移数目
    BYTE cAccumBits;               //累加缓冲区中全部位平面的数目
    BYTE cAccumRedBits;            //累加缓冲区中红色位平面的数目
    BYTE cAccumGreenBits;          //累加缓冲区中绿色位平面的数目
    BYTE cAccumBlueBits;           //累加缓冲区中蓝色位平面的数目
    BYTE cAccumAlphaBits;          //累加缓冲区中 alpha 位平面的数目
    BYTE cDepthBits;               //z 轴(深度)缓冲区的深度
    BYTE cStencilBitS;             //模板缓冲区的数量
    BYTE cAuxBufferS;              //辅助缓冲个数
    BYTE iLayerType;               //被忽略
    BYTE bReserved;                //表层和底层平的数量
    DWORD dwLayerMask;             //被忽略
    DWORD dwVisibleMask;           //被忽略
    DWORD dwDamageMask;            //被忽略
} PIXELFORMATDESCRIPTOR;
```

表 2.2 像素格式 Win32 函数

函数	说明
ChoosePixelFormat	选取最接近于程序员所提供的像素格式模板(即 PFD 结构)设备描述表(DC)支持的像素格式。Windows 试图尽可能匹配程序员的要求
SetPixelFormat	设置设备描述表的当前像素格式,该格式由参数中的像素格式索引指定。切记检查该函数的返回值。如果该函数执行失败,所有的 OpenGL 调用都没有任何结果
GetPixelFormat	获得设备描述表和当前像素格式的索引号
DescribePixelFormat	对给定的设备描述表和像素格式索引,用它们指定的像素格式的索引填充 PFD 数据结构

在 VS 集成环境下，建立基于 OpenGL 标准的 MFC 应用程序框架的具体步

骤如下。

① 使用 AppWizard 创建项目文件，在 stdafx. h 文件中包含必要的头文件（如 Gl. h、Glu. h、Glaux. h）并在项目链接设置中加入必要的库（OpenGL32. lib、Glu32. lib、Glaux. lib）；

② 利用 ClassWizard 给视类添加如下成员函数：

重载 PreCreateWindow 函数，加入 cs. style = cs. style ｜ WS ＿ CLIPSIBLINGS｜WS ＿ CLIPCHILDREN；

重载 OnInitialUpdate 函数，进行 OpenGL 绘制前的初始化工作，包括创建显示列表（显示列表索引作为视类对象的成员变量保存）、设置光照参数、装载纹理映射贴图、确定融合方式及参数、设置雾化参数以及其他绘制场景前需要完成的工作。

响应 WM ＿ CREATE 消息的 OnCreate 函数，设置像素格式，创建绘制描述表，代码如下：

```
int CMyCGView::OnCreate(LPCREATESTRUCT lpCreateStruct)
{
    if(CView::OnCreate(lpCreateStruct)==-1)  return-1;
    HWND hWnd=this->GetSafeHwnd();
    HDC hDC=::GetDC(hWnd);
    if(this->SetWindowPixelFormat(hDC)==FALSE)  {return 0;}
    if(this->CreateViewGLContext(hDC)==FALSE)  {return 0;}
    return 0;
}

//按希望的像素格式填充 PIXELFORMATDESCRIPTOR 结构变量
bool CMyCGView::SetWindowPixelFormat(HDC hDC)
{
    PIXELFORMATDESCRIPTOR pixelDesc=
    {
        sizeof(PIXELFORMATDESCRIPTOR),
        1,
        PFD_DRAW_TO_WINDOW|PFD_SUPPORT_OPENGL|
PFD_DOUBLEBUFFER|PFD_SUPPORT_GDI,
        PFD_TYPE_RGBA,
        24,
        0,0,0,0,0,0,
        0,
        0,
```

```
        0,
        0,0,0,0,
        32,
        0,
        0,
        PFD_MAIN_PLANE,
        0,
        0,0,0
    };
```

//在设备描述表支持的像素格式中,获取与 PFD 结构变量描述最相近的像素格式,该像素格式的索引存放在 m_GLPixelIndex 中

```
    this->m_GLPixelIndex=ChoosePixelFormat(hDC,&pixelDesc);
    if(this->m_GLPixelIndex==0)
        {   this->m_GLPixelIndex=1;
    if(DescribePixelFormat(hDC,this->m_GLPixelIndex,sizeof(PIXELFORMATDE-
SCRIPTOR),&pixelDesc)==0)
            {
                return FALSE;
            }
        }
```

//设置设备描述表的像素格式

```
    if(SetPixelFormat(hDC,this->m_GLPixelIndex,&pixelDesc)==FALSE)
{return FALSE;}
    return TRUE;
    }
    bool CMyCGView::CreateViewGLContext(HDC hDC)
    {
        this->m_hGLContext=wglCreateContext(hDC);//创建一个绘制描述表
        if(this->m_hGLContext==NULL){return FALSE;}
        //使绘制描述表成为当前绘制描述表
         if(wglMakeCurrent(hDC,this->m_hGLContext)==FALSE){return
FALSE;}
        return TRUE;
    }
```

响应 WM_SIZE 消息,控制和更新视窗大小的变化。

```
    void CMyCGView::OnSize(UINT nType,int cx,int cy)
    {
```

```
    CView::OnSize(nType,cx,cy);
    GLsizei width,height;
    GLdouble aspect;
    width=cx;  height=cy;
    if(cy==0){aspect=(GLdouble)width;}
    else{aspect=(GLdouble)width/(GLdouble)height;}
    glViewport(0,0,width,height);
    glMatrixMode(GL_PROJECTION);
    glLoadIdentity();
    gluOrtho2D(0.0,500.0 * aspect,0.0,500.0);
    glMatrixMode(GL_MODELVIEW);
    glLoadIdentity();
}
```

响应 WM_ERASEBKGND 消息,使该函数不执行任何操作,只返回 TRUE。

```
BOOL CMyCGView::OnEraseBkgnd(CDC * pDC)
{
        return CView::OnEraseBkgnd(pDC);
}
```

响应 WM_DESTROY 消息。该消息在窗口销毁时产生,删除绘制描述表。代码如下:

```
void CMyCGView::OnDestroy()
{
    CView::OnDestroy();
  if(wglGetCurrentContext()!=NULL)
    {
        wglMakeCurrent(NULL,NULL);//绘制结束时,使绘制描述表从线程上脱离
    }
    if(this->m_hGLContext!=NULL)
    {
        wglDeleteContext(this->m_hGLContext);//删除绘制描述表
        this->m_hGLContext=NULL;
    }
}
```

在 OnDraw 函数中绘制 OpenGL 场景,代码如下:

```
    void CMyCGView::OnDraw(CDC * pDC)
{
    CMyCGDoc * pDoc=GetDocument();
    ASSERT_VALID(pDoc);
```

```
    if(!pDoc)    return;
    glDrawBuffer(GL_BACK);
    glLoadIdentity();
    glClear(GL_COLOR_BUFFER_BIT);
    DrawAxis();
    DrawObject(pDC);//自定义的绘制函数
}
```

本章习题

1. 熟悉 OpenGL 相关技术和绘图流程。

2. 基于 VS2010 的绘图环境绘制 OpenGL 的第一个程序。

第*3*章
基本图形光栅化算法

    光栅图形显示器以离散的单元（像素）为显示单位，可以看作一个像素的矩阵，在光栅显示器上显示的任何一种图形实际上都是一些具有一种或多种颜色的像素的集合。确定一个像素集合及其颜色，用于显示一个图形的过程，称为图形的扫描转换或光栅化。

    本章主要讨论一些基本图形的扫描转换问题，主要包括：

    ① 直线、圆的扫描转换问题。

    ② 多边形的填充问题。

    ③ 走样与反走样问题。

    图形的扫描转换一般包括两个步骤：①确定有关像素；②用图形的颜色或其他属性对像素进行某种写操作。这种写操作通常通过调用设备驱动程序来实现，所以扫描转换的主要工作是确定最佳逼近图形的像素集。对于一维图形，在不考虑线宽时，用一个像素宽的直/曲"线"（即像素序列）来显示图形。二维图形的光栅化，即区域的填充，必须确定区域所对应的像素集，并用所要求的颜色或图案显示（即填充）。

    对任何图形进行光栅化时，必须显示在屏幕的一个窗口（一般为长方形）里，超出窗口的图形不予显示。确定一个图形的哪些部分在窗口内，必须显示；哪些部分落在窗口之外，不该显示的过程称为裁剪。裁剪通常在扫描转换之前进行。

    对图形进行光栅化时，很容易出现走样现象。一条斜向的直线扫描转换为一个像素序列时，像素排列成锯齿状。显示器的空间分辨率愈低，这种走样问题就愈严重。提高显示器的空间分辨率可以减轻这种走样问题，但会提高设备的成本。实际上，当显示器的像素用亮度显示时，可以通过精编算法自动调整图形上各像素的亮度来减轻走样问题。

3.1　直线的光栅化

在数学上，理想的直线是由无数个点构成的集合，无宽度。当对直线进行光栅化时，只能在显示器所给定的有限像素组成的矩阵中确定最佳逼近于该直线的一组像素，并且按扫描线顺序用当前写方式对这些像素进行写操作。

由于一个图中可能包含成千上万条直线，所以要求直线光栅化算法应尽可能快。不同情况下所绘制的直线也不同，主要包括一个像素宽的直线（由一个像素移动而形成的直线）、以理想直线为中心线的不同线宽直线、不同颜色和线型的直线。本节主要介绍画一个像素宽的直线的两个常用经典算法：数值微分法（Digital Differential Analyzer，DDA）和 Bresenham 算法。

3.1.1　数值微分法

设 $(x_0，y_0)$ 和 $(x_1，y_1)$ 分别是直线的起点和终点坐标，直线光栅化时先算出直线的斜率 $k=\Delta y/\Delta x=$ 常数，其中，$\Delta x=x_1-x_0$，$\Delta y=y_1-y_0$。然后，从直线的起点开始，确定最逼近于直线的 y 坐标。假定端点坐标均为整数，让 x 从起点到终点变化，每步递增 1 个单位，计算对应的 y 坐标，$y=kx+B$，圆整后取像素 $[x，\mathrm{round}(y)]$。

直线的增量方程为：

$$
\begin{aligned}
y_{i+1} &= kx_{i+1}+B \\
&= k(x_i+\Delta x)+B \\
&= kx_i+B+k\Delta x \\
&= y_i+k\Delta x
\end{aligned}
$$

因此，当 $\Delta x=1$ 时，$y_{i+1}=y_i+k$，即 x 每递增 1 时，y 递增 k（即直线斜率）。由于光栅显示器的每个像素均为整数，因此，x 和 y 的增量必须进行圆整。

当 $|k|\leqslant 1$ 时，x 每增加 1，y 增加 0 或 1，故在迭代过程的每一步，只确定一个像素。当 $|k|>1$ 时，为了克服直线光栅点太稀疏的不足，必须把 x、y 的地位交换，即 y 每增加 1，x 相应增加 $1/k$，圆整后为 0 或 1。

数值微分法（DDA）的 OpenGL 源代码如下：

```
DDAline(x0,y0,x1,y1)
int x0,y0,x1,y1,color;
{
    int x;
    float dx,dy,k,y;
```

```
    k=abs(x1-x0);//|k|≤1 的情形,x 每增加 1,y 最多增加 1。
if(abs(y1-y0)>k)k=abs(y1-y0);
dx=float(x1-x0)/k;
dy=float(y1-y0)/k;
x=float(x0+0.5);
y=float(y0+0.5);
for(i=0;i<k;i++){
    //gl_Point(int(x),int(y));
  glBegin(GL_POINTS);
  glVertex2f(int(x),int(y));//绘制点的函数
  glEnd();
    x=x+dx;
    y=y+dy;
    }
} //end DDA
```

用此算法绘制的直线如图 3.1 所示。

数值微分算法是一个增量算法，其本质是用数值方法解微分方程，每一步的 x、y 值是用前一步的值加上一个增量来获得的。

在这个算法中，y 与 k 必须用浮点数表示，而且每一步运算都必须对 y 进行舍入取整，不利于硬件实现。

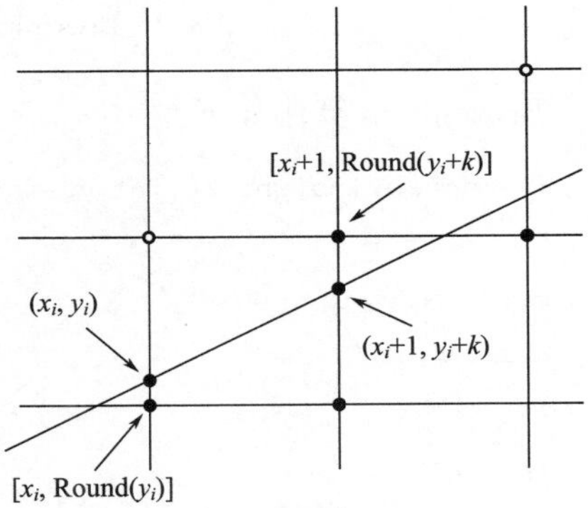

图 3.1　数值微分法示例

3.1.2　Bresenham 画线算法

为了进一步提高直线光栅化效率，并使算法与直线方程无关，诞生了 Bresenham 算法。该算法已被广泛用于直线的扫描转换与其他一些应用。为了讨论方便，先假定直线的斜率在 0～1 之间。

Bresenham 也是通过在每列像素中确定与理想直线最近的像素来进行直线的扫描转换的。该算法的原理是：过各行、各列像素中心构造一组虚拟网格线，按直线从起点到终点的顺序计算直线与各垂直网格线的交点，然后确定该列像素中与此交点最近的像素。该算法的巧妙之处在于可以采用增量计算，使得对于每一列，只要检查一个误差项的符号，就可以确定该列的所求像素。

如图 3.2 所示，假设当前点横坐标为 x，纵坐标为 y，那么下一个像素的横坐标必为 $x+1$，根据图 3.2 所示的误差项 d 的值，纵坐标要么不变，要么递增

1. 因为直线的起始点在像素中心，所以误差项 d 的初始值为 0。x 下标每增加 1，d 的值相应递增直线的斜率值，即 $d=d+k$（$k=\Delta y/\Delta x$ 为直线斜率）。一旦 $d \geqslant 1$ 时，就把它减去，这样保证 d 始终在 $0 \sim 1$ 之间。当 $d>0.5$ 时，直线与 $x+1$ 列垂直网格线交点最接近当前像素 $(x，y)$ 的右上方像素 $(x+1，y+1)$；而当 $d<0.5$ 时，更接近于像素 $(x+1，y)$，当 $d=0.5$ 时，与上述两个像素一样接近，约定取 $(x+1，y+1)$。令 $e=d-0.5$。则当 $e \geqslant 0$ 时，下一像素的 y 下标增加 1，而当 $e<0$ 时，下一像素的 y 下标不增。e 的初始值为 -0.5。

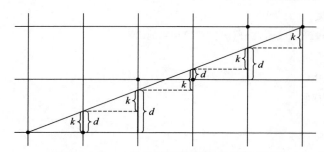

图 3.2   Bresenham 算法绘制直线的原理图

Bresenham 算法如下：

```
BresenhamLine(int x0,int y0,int x1,int y1)
{
int x,y,dx,dy;
float k,e;
dx=x1-x0;
dy=y1-y0;
k=(double)dy/(double)dx;
e=-0.5;x=x0;y=y0;
for(i=0;i<=dx;i++)
{   //  gl_Point(x,y);
    glBegin(GL_POINTS);
    glVertex2f(int(x),int(y));
    glEnd();
x=x+1;e=e+k;
if(e>=0)  {y=y+1;e=e-1;}
}
}//end BresenhamLine
```

上述 Bresenham 算法在计算直线斜率与误差项时，要用到小数与除法，为了便于硬件计算，可以改用整数以避免除法。由于算法中只用到误差项的符号，

因此可作如下替换

$$e' = 2 \times e \times \mathrm{d}x$$

$e' = 2 \times (d - 0.5) \times \mathrm{d}x$，则 e' 初值为 $-\mathrm{d}x$，e 的增量 $e' = 2 \times (e + k) \times \mathrm{d}x = 2 \times e \times \mathrm{d}x + 2 \times k \times \mathrm{d}x = e' + 2\mathrm{d}y$，当 $e' \geqslant 0$ 时，下一像素的 y 下标增加 1；而当 $e' < 0$ 时，下一像素的 y 下标不增。

获得整数 Bresenham 算法如下：

```
Integer_BresenhamLine(int x0,int y0,int x1,int y1)
{
int x,y,dx,dy;
    dx=x1-x0;
    dy=y1-y0;
    e=-dx;x=x0;y=y0;
for(i=0;i<=dx;i++)
{ gl_Point(x,y);x=x+1;e=e+2*dy;
    if(e>=0)
  {y=y+1;e=e-2*dx;}
}//end Integer_BresenhamLine
```

上述算法只适用于直线的斜率在 $0 \sim 1$ 之间的情况，为了推广到一般情况，当 $|k| > 1$ 时，让 y 增加 $+1$ 或 -1，根据直线所在象限和误差判别式确定 x 是否增加。一般直线的 Bresenham 算法如下所示：

```
void CDraw::BresenhamLine(int x0,int y0,int x1,int y1)
{
    int x,y,dx,dy,sx,sy,flag,d,i;
    int e;
      x=x0;   y=y0;
      dx=abs(x1-x0);  dy=abs(y1-y0);
      sx=sign(x1-x0);sy=sign(y1-y0);
    if(dy> dx){d=dx;dx=dy;dy=d;flag=1;}//交换
    else flag=0;
    e=-dx;//初始化误差
    for(i=0;i<=dx;i++)
      {
        glBegin(GL_POINTS);
        glVertex2f(int(x),int(y));
        glEnd();
```

```
   if(e>＝0)   //误差大于等于 0
    {
        if(flag)   x＝x＋sx;
        else      y＝y＋sy;
        e＝e－2 * dx;
    }
    if(flag)
        y＝y＋sy;
    else
        x＝x＋sx;
        e＝e＋2 * dy;
    }
}
int CDraw::sign(int x)
{
    if(x>＝0)return 1;
    else
    return－1;}
```

3.2　圆的光栅化

　　本节的内容只考虑中心在原点、半径为整数 R 的圆 $x^2+y^2＝R^2$。对于中心不在原点的圆，可先通过平移变换变为中心在原点的圆，再进行扫描转换，把所得的像素坐标加上一个位移量即得所求像素坐标。

　　在进行圆的光栅化时，首先应注意，只要能生成 8 分圆，那么圆的其他部分可以通过一系列的简单反射变换得到。如图 3.3 所示，假设已知一个圆心在原点的圆上一点（x，y），根据对称性可得另外七个 8 分圆上的对应点（y，x），

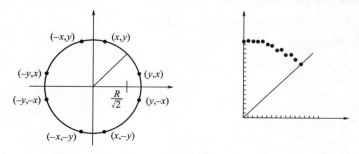

图 3.3　圆的对称性及第二个 8 分圆

$(y, -x), (x, -y), (-x, -y), (-y, -x), (-y, x), (-x, y)$。因此，只需讨论第一象限第二个 8 分圆的扫描转换。

3.2.1　中点画圆算法

对于中心在原点、半径为 R 的圆第二个 8 分圆，讨论如何从（0，R）到（$R/\sqrt{2}$，$R/\sqrt{2}$）顺时针地确定最佳逼近于该圆弧的像素序列。

如图 3.4 所示，点 $P(x_p, y_p)$ 为当前与该圆弧最近像素点，那么，下一个像素只能在正右方的 $P_1(x_p+1, y_p)$ 或右下方的 $P_2(x_p+1, y_p-1)$ 之间选择。假设 M 是 P_1 和 P_2 的中点，如果中点 M 在圆弧外，则应选择更接近于圆的右下方点 P_2；如果中点 M 在圆弧内，则应该选择更接近于圆的右方点 P_1。

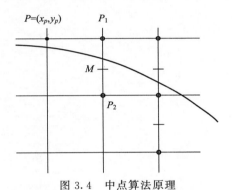

图 3.4　中点算法原理

令圆的方程为 $F(x,y)=x^2+y^2-R^2$，当点在圆上，$F(x,y)=0$；当点在圆外，$F(x,y)>0$；当点在圆内，$F(x,y)<0$。下面判断中点 $M(x_p+1, y_p-0.5)$ 的位置，构造判别式

$$d=F(M)=F(x_p+1,y_p-0.5)=(x_p+1)^2+(y_p-0.5)^2-R^2$$

若 $d<0$，则应取 P_1 为下一像素，且再下一个像素的判别式为

$$d=F(x_p+2,y_p-0.5)=(x_p+2)^2+(y_p-0.5)^2-R^2$$
$$=d+2x_p+3$$

所以，沿正右方向，d 的增量为 $2x_p+3$。

若 $d>0$，则 P_2 是下一像素，且再下一像素的判别式为

$$d'=F(x_p+2,y_p-1.5)$$
$$=(x_p+2)^2+(y_p-1.5)^2-R^2$$
$$=d+(2x_p+3)+(-2y_p+2)$$

所以，沿右下方向，判别式 d 的增量为 $2(x_p-y_p)+5$。

由于这里讨论的是按顺时针方向生成第二个 8 分圆，因此，第一像素是（0，

R)，判别式 d 的初始值为 $d_0 = F(1, R-0.5) = 1 + (R-0.5)^2 - R^2 = 1.25 - R$

根据上述分析，即可写出中点画圆算法程序如下。

```
MidpointCircle(int r)
{
int x,y;
float d;
x=0;y=r;d=1.25-r;          //初始化
gl_Point(x,y);
while(x<y)                  //第二个8分圆
{
if(d<0)
{
d+=2*x+3;
x++;
}
else
{
d+=2*(x-y)+5;
x++;
y--;
}
gl_Point(x,y);
}/*while*/
}/*MidpointCircle*/
```

在上述算法中，使用了浮点数来表示判别式 d。为了简化算法，摆脱浮点数，在算法中全部使用整数。由初始化运算 $d = 1.25 - r = 1 - r + 0.25$ 推知 $e = 1 - r = d - 0.25$。判别式 $d < 0$ 对应于 $e < -0.25$。算法中其他与 d 有关的式子可把 d 直接换成 e。又由于 e 的初值为整数，且在运算过程中的增量也是整数，故 e 始终是整数，所以 $e < -0.25$ 等价于 $e < 0$。因此，可以写出完全用整数实现的中点画圆算法，算法中 e 仍用 d 来表示。

```
MidpointCircle(int r)
{
int x,y,d;
x=0;y=r;d=1-r;
gl_Point(x,y);
while(x<y)
```

```
    {  if(d<0)  {d+=2*x+3;  x++;}
else  {  d+=2*(x-y)+5;x++;y--;}
gl_Point(x,y);
}    /* while */
}    /* MidpointCircle */
```

3.2.2 Bresenham 画圆算法

以圆心在原点、半径为 R 的第一个 4 分圆为例,如图 3.5 所示。取 $(0,R)$ 为起点,按顺时针方向生成圆。从这段圆弧的任意一点出发,按顺时针方向生成圆时,为了最佳逼近该圆,下一像素的取法只有三种可能的选择:正右方像素,右下方像素和正下方像素。分别记为 H、D 和 V,具体如图 3.6 所示。

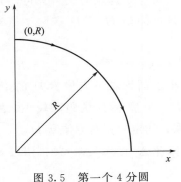

图 3.5 第一个 4 分圆

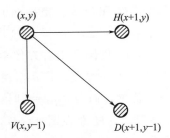

图 3.6 第一个 4 分圆下一像素的三个候选者

这三个像素中,与理想圆弧最接近者为所求像素。理想圆弧与这三个候选点之间的关系只有下列五种情况。

① H、D、V 全在圆内;

② H 在圆外,D、V 在圆内;

③ D 在圆上,H 在圆外,V 在圆内;

④ H、D 在圆外,V 在圆内;

⑤ H、D、V 全在圆外。

具体如图 3.7 所示。

上述三点到圆心的距离的平方与圆弧上一点到圆心的距离的平方之差分别为

$$\Delta H = (x+1)^2 + y^2 - R^2$$

$$\Delta D = (x+1)^2 + (y-1)^2 - R^2$$

$$\Delta V = x^2 + (y-1)^2 - R^2$$

下面通过判别误差项的符号来选最佳逼近该圆的像素。

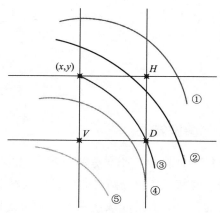

图 3.7　候选圆弧位置

如果$\Delta_D<0$，那么右下方像素 D 在圆内，圆弧与候选点的关系只可能是①与②的情形。显然，这时最佳逼近圆弧的像素只可能是 H 或 D 这两个像素之一。为了确定 H 和 D 哪个更接近于圆弧，令

$$\delta_{HD}=|\Delta_H|-|\Delta_D|=|(x+1)^2+y^2-R^2|-|(x+1)^2+(y-1)^2-R^2|$$

若 $\delta_{HD}<0$，则圆到正右方像素 H 的距离小于圆到右下方像素 D 的距离，这时应取 H 为下一像素。若 $\delta_{HD}>0$，则圆到右下方像素 D 的距离较小，故应取 D 为下一像素。而当 $\delta_{HD}=0$ 时，二者均可取，约定取正右方像素 H。

对于情形②，H 总在圆外，D 总在圆内，因此 $\Delta_H\geqslant0$，$\Delta_D<0$，所以 δ_{HD} 可以简化为

$$\delta_{HD}=\Delta_H+\Delta_D=(x+1)^2+y^2-R^2+(x+1)^2+(y-1)^2-R^2=2\Delta_D+2y-1$$

故可根据 $2\Delta_D+2y-1$ 的符号，在情况②判断应取 H 或 D。

再考虑情形①。这时，H、D 都在圆内，而在这段圆弧上，y 是 x 的单调递减函数，所以只能取 H 为下一像素。又由于这时 $\delta_H<0$ 且 $\delta_D>0$，因此，$2\Delta_D+2y-1=\Delta_H+\Delta_D<0$ 与情形①的判别条件一致。

由此得到判断条件：在 $\Delta_D<0$ 的情况下，若 $2(\Delta_D+y)-1\leqslant0$，则应取 H 为下一像素，否则应取 D 为下一像素。

下面再讨论 $\Delta_D>0$ 的情况。这时，右下方像素 D 在圆外，最佳逼近圆弧的像素只可能是 D 与 V 二者之一。

先考虑情形④。令

$$\delta_{DV}=|\Delta_D|-|\Delta_V|=|(x+1)^2+(y-1)^2-R^2|-|(x)^2+(y-1)^2-R^2|$$

如果 $\delta_{DV}<0$，即圆到右下方像素距离较小，这时应取右下方像素 D。如果 $\delta_{DV}>0$，即圆到正下方像素的距离较小，那么应取正下方像素 V。而当 $\delta_{DV}=0$ 时，二者均可取，约定取右下方像素 D。

对于情形④，由于右下方像素 D 在圆外，而正下方像素 V 在圆内，所以 $\Delta_D \geqslant 0$，$\Delta_V < 0$，

因此

$$\begin{aligned}\delta_{DV} &= \Delta_D + \Delta_V = (x+1)^2 + (y-1)^2 - R^2 + |(x)^2 + (y-1)^2 - R^2| \\ &= 2(\Delta_D - x) - 1\end{aligned}$$

对于情形⑤，D 和 V 都在圆外，显然应取 V 为下一像素。由于这时 $\Delta_D > 0$ 且 $\Delta_V > 0$，因此

$$2(\Delta_D - x) - 1 = \Delta_D + \Delta_V > 0$$

判断条件：在 $\Delta_D > 0$ 的情况下，若 $2(\Delta_D - x) - 1 \leqslant 0$，应取 D 为下一像素，否则取 V 作为下一像素。

最后考虑情形③，$\Delta_D = 0$。这时，右下方像素 D 恰好在圆上，故应取 D 作为下一像素。

归纳上述讨论，可得计算下一像素的算法：

当 $\Delta_D > 0$ 时，若 $2(\Delta_D - x) - 1 \leqslant 0$，则取 D，否则取 V；

当 $\Delta_D < 0$ 时，若 $2(\Delta_D + y) - 1 \leqslant 0$，则取 H，否则取 D；

当 $\Delta_D = 0$ 时，取 D。

下面讨论如何简化 Δ_D 的计算。与直线扫描算法类似，采用增量算法。

首先考虑下一个像素为 H 的情况。对于像素 H，其坐标 $(x', y') = (x+1, y)$，其误差项为：

$$\begin{aligned}\Delta_D' &= [(x+1)+1]^2 + (y-1)^2 - R^2 \\ &= (x+1)^2 + (y-1)^2 - R^2 + 2(x+1) + 1 \\ &= \Delta_D + 2(x+1) + 1 = \Delta_D + 2x' + 1\end{aligned}$$

再考虑下一个像素为 D 的情况，其坐标与误差项分别为

$$(x', y') = (x+1) + (y-1)$$

$$\Delta_D' = \Delta_D + 2x' - 2y' + 2$$

再考虑下一个像素为 V 的情况，其坐标与误差项分别为

$$(x', y') = (x, y-1)$$

$$\Delta_D' = \Delta_D - 2y' + 1$$

综上所述，可写出如下完整的 Bresenham 画圆算法。

```
Bresenham_Circle(int r)
{
int r,x,y,delta,delta1,delta2,direction;
  x=0;y=r;
delta=2*(1-r);//Δ_D 初始化
```

```
while(y>=0)
{
gl_Point(x,y);
if(delta<0)
{
delta 1=2*(delta+y)-1;
if(delta 1<=0)direction=1;//取 H
else direction=2;//取 D
}
else if(delta>0)
{
delta 2=2*(delta-x)-1;
if(delta 2<=0)direction=2;//取 D
else direction=3;//取 V
}
else
direction=2;//取 D
switch(direction)
{
case 1:    x++;
delta+=2*x+1;
break;
case 2:  x++;y--;
delta+=2*(x-y+1);
break;
case 3:   y--;
delta+=(-2*y+1);;
break;
}  /* switch */
}  /* while */
}  /* Bresenham_Circle */
```

3.3 多边形的填充

多边形有顶点表示和点阵表示两种方法。顶点表示是用多边形顶点的序列来描述多边形，该表示方法几何意义强、占内存少，但不能直观地说明哪些像素在多边形内。点阵表示是用位于多边形内的像素集合来刻画多边形,该方法虽然没有多边形的几何信息,但它却是光栅显示器显示时所需要的表示形式。

多边形填充就是把多边形的顶点表示转换为点阵表示,即从多边形的给定边界出发,求出位于其内部的各个像素,并对各个对应元素设置相应的灰度或颜色,如图 3.8 所示。

本节介绍三种常用的填充算法。

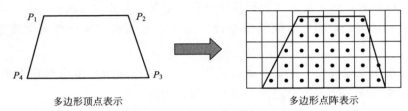

多边形顶点表示　　　　　　　　　　　　多边形点阵表示

图 3.8　多边形填充示意图

3.3.1　扫描线填充算法

扫描线填充算法适用于多边形域为凸的、凹的、带孔的等情况。基本思想是:按扫描线顺序,计算扫描线与多边形的相交区间,用要求的颜色显示这些区间的像素,重复上述工作,直至完成填充工作。

如图 3.9 所示,扫描线 3 与多边形边界线交于 $A(2,3)$、$B(4,3)$、$C(7,3)$、$D(9,3)$四点。区间 AB 和 CD 位于多边形区域内,应取多边形色,其余像素取背景色。

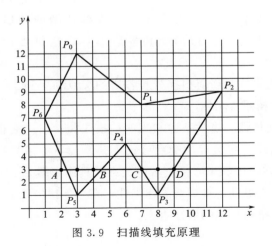

图 3.9　扫描线填充原理

多边形扫描线填充过程包括以下步骤。

① 确定多边形所占有的最大扫描线数，得到多边形顶点的最小和最大 y 坐标值（$y_{\min}$ 和 $y_{\max}$）。

② 从 $y = y_{\min}$ 到 $y = y_{\max}$，每次用一条扫描线进行填充。

③ 对一条扫描线填充的过程可分为四个步骤：

a. 求交，计算扫描线与多边形各边的交点；

b. 排序，把所有交点按递增顺序排序；

c. 交点配对，每对交点代表扫描线与多边形的一个相交区间；

d. 区间填色，把相交区间的像素设置为多边形颜色，区间外元素设置为背景色。

扫描线填充过程中，存在两个特殊问题：①当扫描线与多边形顶点相交时，交点的取舍问题；②多边形边界上像素的取舍问题。

对于问题①，当扫描线与多边形的顶点相交时，若共享顶点的两条边分别落在扫描线的两边，交点只算一个，如图 3.9 中扫描线 $y = 7$ 与 P_5P_6 和 P_6P_0 交于一点。若共享顶点的同一边，这时交点作为零个或两个，取决于该点是多边形的局部最高点还是局部最低点，局部最高取零，局部最低取两个。

对于问题②，多边形边界上像素如果均进行填充，则填充区域面积扩大化，为此，规定多边形右、上边界像素不予填充，左、下边界像素予以填充。

扫描线填充算法中最耗时的是求交计算，为提高算法效率，在处理一条扫描线时，仅仅对与它相交的多边形边进行求交运算。将与当前扫描线相交的边称为活性边，并把它们按与扫描线交点 x 坐标递增的顺序存放在一个链表中，该链表称为活性边表。扫描线和多边形具有连贯性，表现在以下两个方面。

① 扫描线的连贯性　当前扫描线与各边的交点顺序和下一条扫描线与各边的交点顺序很可能相同或相似。

② 多边形的连贯性　当某条边与当前扫描线相交时，它很可能与下一条扫描线相交，且扫描线与多边形的交点（x_i，y_i）与下一条扫描线与该边的交点（x_{i+1}，y_{i+1}）存在一个斜率 k 的倒数的关系，具体如图 3.10 所示。

根据多边形的连贯性、扫描线的连贯性，在一条扫描线求交完成后，通过增量法递推运算下一条扫描线的活性边表。

边表的构造如下。

① 首先构造一个纵向链表，链表的长度为多边形所占有的最大扫描线数，链表的每个结点称为一个桶，对应多边形覆盖的每一条扫描线。

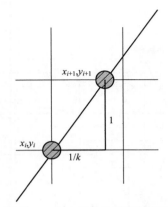

图 3.10　多边形的连贯性示意图

② 将每条边的信息链入与该边最小 y 坐标（$y_{\min}$）相对应的桶处。即，若某边的较低端点为 $y_{\min}$，则该边就放在相应的扫描线桶中。

③ 每条边的数据形成一个结点，活性边表中应为对应边保存如下内容。

$y_{\max}$：边的上端点的 y 坐标；

x：当前扫描线与边的交点的 x 坐标；

Δx：边的斜率的倒数；

Next：指向下一条边的指针。

④ 同一桶中若干条边根据边最小端点处的 X 坐标（$X \mid y_{\min}$）由小到大排序，若边最大端点的 X 坐标（$X \mid y_{\max}$）相等，则按照 $1/k$ 由小到大排序。

图 3.11 所示为多边形扫描线 1、7、8 对应的活性边表。

扫描线填充算法步骤如下。

① AEL 初始化，将边的活化链表 AEL 设置为空。

② y 初始化，取扫描线纵坐标 y 的初始值为边表 ET 中非空元素的最小序号。

③ 按从下到上的顺序对纵坐标值为 y 的扫描线（当前扫描线）执行下列步骤，直到边的分类表 ET 和边的活化链表 AEL 都变成空为止。

a. 如边分类表 ET 中的第 y 类元素非空，则将属于该类的所有边从 ET 中取出并插入边的活化链表 AEL 中，AEL 中的各边按照 x 值（当 x 的值相等时，按 Δx 值）递增方向排序。

b. 若相对于当前扫描线，边的活化链表 AEL 非空，则将 AEL 中的边两两依次配对，即第 1，2 边为一对，第 3，4 边为一对，依此类推。每一对边与当前扫描线的交点所构成的区段位于多边形内，依次对这些区段上的点（像素）按多边形属性着色。

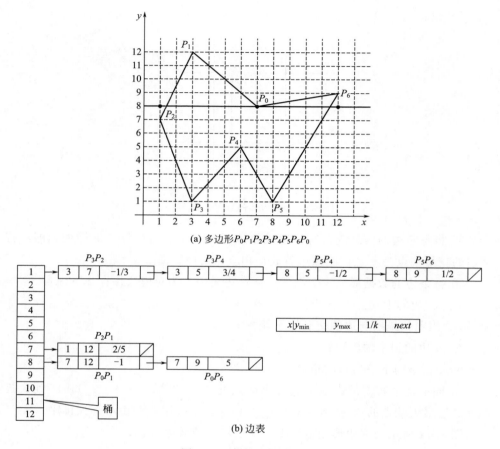

(a) 多边形$P_0P_1P_2P_3P_4P_5P_6P_0$

(b) 边表

图 3.11 扫描线活性边表

c. 将边的活化链表 AEL 中满足 $y=y_{max}$ 的边删去。

d. 将边的活化链表 AEL 剩下的每一条边的 x 域累加 Δx，即 $x:=x+\Delta x$。

e. 将当前的扫描线的纵坐标值 y 累加，即 $y:=y+1$。

OpenGL 环境下扫描线填充算法的完整源代码如下：

```
#include<gl/glut.h>
#include<windows.h>
const int POINTNUM=6;              //多边形点数
                                   //定义结构体用于活性边表 AET 和新边表 NET
typedef struct XET
{
        float x;
```

```
        float dx,ymax;
        XET * next;
    }AET,NET;
    //定义点结构体 point
    struct point
    {
        float x;
        float y;
    }
    //多边形顶点 polypoint[POINTNUM]={250,50,500,150,550,400,400,250,200,
350,100,100};
    void PolyScan()
    {
        //计算最高点的 y 坐标(扫描到此结束)
        int MaxY=0;
        int i;
        for(i=0;i<POINTNUM;i++)
            if(polypoint[i].y>MaxY)
                MaxY=polypoint[i].y;
        //初始化 AET 表
        AET * pAET=new AET;
        pAET->next=NULL;
        //初始化 NET 表
        NET * pNET[1024];
        for(i=0;i<=MaxY;i++)
        {
            pNET[i]=new NET;
            pNET[i]->next=NULL;
        }
        glClear(GL_COLOR_BUFFER_BIT);
        glColor3f(0.5,0.5,0.0);
        glBegin(GL_POINTS);
        for(i=0;i<=MaxY;i++)//扫描并建立 NET 表
        {
            for(int j=0;j<POINTNUM;j++)
                if(polypoint[j].y==i)
                {
```

```
                              if (polypoint[(j－1＋POINTNUM)%  POINTNUM].y>pol-
                                  ypoint[j].y)
                    {
                        NET * p＝new NET;
                        p->x＝polypoint[j].x;
                        p->ymax＝polypoint[(j－1＋POINTNUM)%
                                    POINTNUM].y;
                        p->dx＝(polypoint[(j－1＋POINTNUM)%  POINTNUM].x－
                                polypoint[j].x)/(polypoint[(j－1＋POINTNUM)%
                                POINTNUM].y－polypoint[j].y);
                        p->next＝pNET[i]->next;
                        pNET[i]->next＝p;
                    }
        if(polypoint[(j＋1＋POINTNUM)%  POINTNUM].y>polypoint[j].y)
                    {
                        NET * p＝new NET;
                        p->x＝polypoint[j].x;
                        p->ymax＝polypoint[(j＋1＋POINTNUM)%  POINTNUM].y;
                         p->dx＝(polypoint[(j＋1＋POINTNUM)%  POINTNUM].x－
                                polypoint[j].x)/(polypoint[(j＋1＋POINT-
                                NUM)%  POINTNUM].y－polypoint[j].y);
                        p->next＝pNET[i]->next;
                        pNET[i]->next＝p;
                    }
                }
            }
        }
                            //建立并更新活性边表 AET
        for(i＝0;i<＝MaxY;i＋＋)
        {
                        //计算新的交点 x,更新 AET
          NET * p＝pAET->next;
          while(p)
          {
              p->x＝p->x＋p->dx;
              p＝p->next;
          }
```

```
                    //更新后新 AET 先排序
                    //断表排序,不再开辟空间
    AET * tq=pAET;
    p=pAET->next;
    tq->next=NULL;
    while(p)
    {
        while(tq->next && p->x >=tq->next->x)
            tq=tq->next;
        NET * s=p->next;
        p->next=tq->next;
        tq->next=p;
        p=s;
        tq=pAET;
    }                    //(改进算法)先从 AET 表中删除 ymax==i 的结点
AET * q=pAET;
p=q->next;
while(p)
{
    if(p->ymax==i)
    {
        q->next=p->next;
        delete p;
        p=q->next;
    }
    else
    {
        q=q->next;
        p=q->next;
    }
}          //将 NET 中的新点加入 AET,并用插入法按 x 值递增排序
p=pNET[i]->next;
q=pAET;
while(p)
{
    while(q->next && p->x >=q->next->x)
        q=q->next;
```

```
                    NET * s＝p->next;

                    p->next＝q->next;

                    q->next＝p;

                    p＝s;

                    q＝pAET;

                }                         //配对填充颜色


                p＝pAET->next;

                while(p && p->next)

                {

                    for(float j＝p->x;j<=p->next->x;j++)

                        glVertex2i(static_cast<int>(j),i);

                    p＝p->next->next;          //考虑端点情况

                }

            }

        glEnd();

        glFlush();

    }

    void init(void)

    {

        glClearColor(1.0,1.0,1.0,0.0);            //窗口的背景颜色设置为白色

        glMatrixMode(GL_PROJECTION);

        gluOrtho2D(0.0,600.0,0.0,600.0);

    }

    void main(int argc,char * argv)

    {

        glutInit(&argc,&argv);            //I 初始化 GLUT

        glutInitDisplayMode(GLUT_SINGLE|GLUT_RGB);      //设置显示模式:单个缓
存和使用 RGB 模型

        glutInitWindowPosition(50,50);              //设置窗口的顶部和左边位置

        glutInitWindowSize(800,800);                //设置窗口的高度和宽度

        glutCreateWindow("An Example OpenGL Program"); //创建显示窗口

        init();                              //调用初始化过程

        glutDisplayFunc(PolyScan);              //图形的定义传递给我 window.

        glutMainLoop();                        //显示所有的图形并等待

    }
```

运行结果如图 3.12。

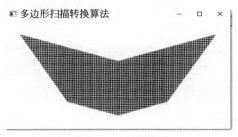

图 3.12　运行结果

该算法无法实现未知边界区域的填充。

3.3.2　边缘填充算法

边缘填充算法的基本思想是：对于每一条扫描线和每条多边形边的交点，将该扫描线上交点右方的所有像素取补。该算法适用于具有帧缓冲器的图形系统，按任意顺序处理多边形的边。算法依据：①多边形外的像素总是被访问偶数次，而多边形内的像素总是被访问奇数次。②对像素作偶数次取补则颜色不变，作奇数次取补则颜色改变。

图 3.13 是边填充算法填充一个多边形的简单示例。实现过程中，先对多边形 P 的每一非水平边（$i=0$，1，$\cdots$，n）上的各像素做向右求反运算即可，其中图 3.13(a) 为给定的多边形；图 3.13(b) 为对区域赋初值；图 3.13(c)～(f)

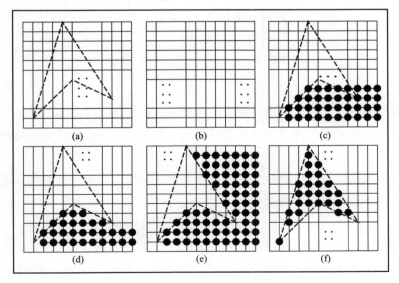

图 3.13　边填充算法示意图

表示逐边向右求反。

该算法简单，处理边的顺序任意，每一像素可能被访问多次。通过引入栅栏来减少填充算法访问像素的次数。

栅栏是与扫描线垂直的直线，通常过一顶点，且把多边形分为左右两半。栅栏填充算法的基本思想：扫描线与多边形的边求交，将交点与栅栏之间的像素取补。减少了像素重复访问数目，但不彻底。

3.3.3 区域填充算法

区域是指在光栅图形中已经表示成点阵形式的像素集合。区域填充是指将区域内的一点（称为种子点）赋予给定颜色，然后将这种颜色扩展到整个区域，因此，该算法要求区域必须连通。

区域可分为四连通区域和八连通区域。

四连通区域指取区域内任意两点，在该区域内若从其中一点出发通过上、下、左、右四种运动可到达另一点，如图 3.14(a) 所示。

八连通区域指取区域内任意两点，若从其中任一点出发，在该区域内通过沿水平方向、垂直方向和对角线方向的八种运动可到达另一点，如图 3.14(b) 所示。

 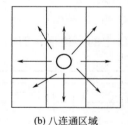

(a) 四连通区域   (b) 八连通区域

图 3.14   区域分类

区域可采用内点表示和边界表示两种形式进行描述，见图 3.15。

区域内部描述指区域内所有像素具有同一种颜色或值，而区域外的所有像素具有另一种颜色或值，见图 3.15(a)。

区域边界描述指区域边界上的所有像素均具有特定的颜色或值，区域内部所有的像素均不取这一特定颜色，但是区域边界外的像素可以具有与边界相同的值，见图 3.15(b)。

四连通区域和八连通区域的边界不尽相同，如图 3.15(c) 所示。

图 3.15(c) 中标有·号的像素组成的区域作为四连通区域，则其边界由图中的标有△号的像素组成。如果将该区域作为八连通的区域，则其边界由图中标

有△号和×号的两种像素组成。

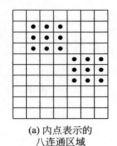
(a) 内点表示的
八连通区域

(b) 边界表示的
八连通区域

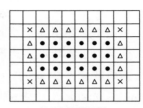
(c) 四连通区域与
八连通区域的不同边界

图 3.15　区域表示法

　　填充边界定义的区域称为边界填充算法，填充内部定义区域的算法称为泛填充算法。本节只讨论边界填充算法。该算法通常采用四向连通和八向连通方法。

　　四向连通方法指从区域内一点（种子点）出发，通过上、下、左、右四个方向移动组合，在不越出区域的前提下，到达区域内任意像素。

　　八向连通方法指从区域内一点出发，可以通过上、下、左、右、左上、右上、左下、右下八个方向移动组合到达区域内任意像素。八向连通算法可以填充八向连通区域和四向连通区域，但是四向连通算法不能填充八向连通区域。

　　通过栈结构实现简单的四向连通种子填充算法，算法步骤如下。

　　① 种子像素入栈；

　　② 当栈非空时重复执行：

　　③ 栈顶像素出栈；

　　④ 将该像素设置为所要求的多边形颜色值；

　　⑤ 按左、上、右、下顺序检查与出栈像素相邻的四个像素，若某个像素不在边界且未置成多边形色，则把该像素入栈。

　　在上述算法的基础上，将检查四向连通像素改为检查八向连通像素，即，改为八向连通种子填充算法。该算法的优点是简单，缺点是需要大量堆栈空间。

　　改进后算法为扫描线种子填充算法，该算法步骤如下。

　　① 种子像素入栈；

　　② 当堆栈非空时执行：从堆栈弹出一个像素作为当前像素；填充当前像素所在扫描线的左右连续像素段，直到遇到边界位置；检查与当前扫描线相邻的上下两条扫描线是否全为边界像素或已经被填充，如果不是上述两种情况，则把每一个区域最左（右）的像素作为种子像素入栈。

3.4 反走样

在光栅图形显示器上绘制非水平和非垂直的直线或多边形边界时，会呈现锯齿状。这是由于直线或多边形边界中光栅图形显示器的对应图形都是由一系列相同亮度的离散像素构成的。这种用离散量表示连续量而引起的失真称为走样（aliasing）。光栅图形的走样现象包括以下四个方面，具体如图 3.16 所示。

① 直线产生阶梯或锯齿状，如图 3.16(a)、(b) 所示。

② 细节或纹理绘制失真，如图 3.16(c)、(d) 所示。

③ 狭小图形丢失，如图 3.16(e)、(f) 所示。

④ 实时动画忽隐忽现，如图 3.16(g) 所示。

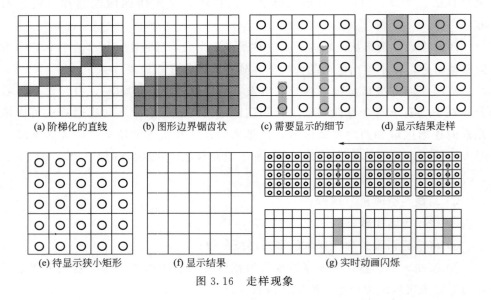

图 3.16　走样现象

用于减少或消除这种效果的技术称为反走样（Antialiasing）。反走样技术包括提高分辨率和区域采样等。提高分辨率的反走样技术又包括提高光栅图形显示器分辨率和超采样两种方法。

3.4.1 提高显示器分辨率

通过使用高分辨率光栅显示器增加采样频率的方法来进行反走样。如图 3.17 所示，把显示器分辨率提高一倍，直线经过两倍的像素，锯齿也增加一倍，但同时每个阶梯的宽度也减小了一半，所以显示出的直线段看起来就平直光滑了一些，图 3.17(a) 为原始显示效果，图 3.17(b) 为提高显示器分辨率后的显示效果。

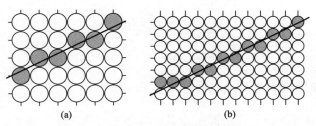

(a)　　　　　　　(b)

图 3.17　提高显示器分辨率反走样方法

　　显示器的水平、竖直分辨率各提高一倍，则显示器的点距减小一半，帧缓存容量增加到原来的四倍，而扫描转换同样大小的图元要花四倍时间。采用高分辨率的光栅图形显示器，花费的代价大，技术上存在限制，而且本质上不能完全消除走样。

3.4.2　超采样

　　超采样（super-sampling），又称后滤波（postfiltering），是指在较高分辨率下用点取样方法计算，然后对几个像素的属性进行平均，得到较低分辨率下的像素属性。该技术是把显示器看成比实际更细的网格来增加采样率，然后根据这种更细的网格使用取样点来确定每个屏幕像素合适的亮度等级。

　　将物理显示像素划分为 $n \times n$ 个子像素，在子像素级对直线进行光栅化，假设激活了 m 个子像素，对每个子像素进行灰度值计算，然后根据权值表所规定的权值，对位于像素中心及四周的九个子像素加权平均，作为显示像素的颜色或亮度，该像素的显示颜色或亮度近似为 m/n^2。

　　例如，设分辨率为 $m \times n = 4 \times 3$，把显示窗口分为 $(2m+1) \times (2n+1) = 9 \times 7$ 个子像素（如图 3.18 所示），对每个子像素进行灰度值计算；用权值公式(3-1)表示，根据权值表所规定的权值，对位于像素中心及四周的九个子像素加权平均，作为显示像素的颜色。

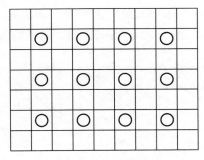

图 3.18　超采样示例

$$\begin{bmatrix} w_1 & w_2 & w_3 \\ w_4 & w_5 & w_6 \\ w_7 & w_8 & w_9 \end{bmatrix} = \frac{1}{16} \begin{bmatrix} 1 & 2 & 1 \\ 2 & 4 & 2 \\ 1 & 2 & 1 \end{bmatrix} \tag{3-1}$$

3.4.3 区域采样

前面介绍的直线扫描算法假定像素是数学上的一个点，像素的颜色是由对应于像素中心的图形中一点的颜色决定的。但是，实际上像素不是一个点，而是一个有限区域。屏幕上所画的直线段不是数学意义上的无宽度的理想线段，而是一个宽度至少为一个像素单位的线条。所以，把屏幕直线看成长方条形更合理，如图 3.19(a) 所示。

区域采样方法将每个像素看作一个具有一定面积的小区域，将直线段看作具有一定宽度的狭长矩形。当矩形（直线段）与像素相交时，求出两者相交区域的面积，然后根据相交区域面积的大小确定该像素的亮度值，当然这要求显示器各个像素可以用多灰度显示。设每个像素面积为单位面积，即为 1，则相交区域面积是介于 0～1 之间的实数。用它乘以像素的亮度值，即可得到该像素实际显示的亮度值，结果如图 3.19(b) 所示。

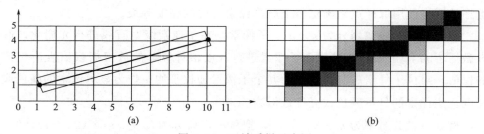

图 3.19 区域采样示意图

假设一条直线斜率为 m（$0 \leqslant m \leqslant 1$）。若规定对应的显示直线宽度为一个像素单位，那么直线条与像素的相交有如图 3.20 所示的五种情况。

已知直线的斜率为 m，D 为三角形在 y 方向的边长。计算面积（如图 3.21 所示），发现图 3.20(a) 与图（e）的情况相似，面积均为 $D^2/2m$，图（b）与图

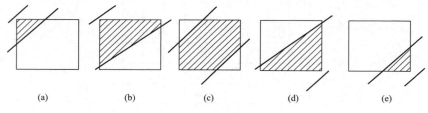

图 3.20 线条与像素相交的五种情况

（d）的情况相似，面积均为 $D-m/2$，图（c）中阴影部分的面积可以用整个像素的面积减去两个三角形的面积获得。

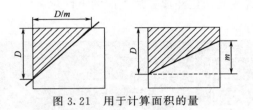

图 3.21　用于计算面积的量

区域采样的基本思想可归纳如下。

① 把线段看作是有宽度的狭长矩形；

② 线段具有一定的面积，当线段通过某像素时，求出两者面积的交；

③ 根据每一像素与线段相交部分的面积值决定该像素的颜色值或灰度值。

该方法是将位于原相邻阶梯之间的像素置为过渡颜色或灰度，使得颜色或者灰度过渡自然，变化柔和，阶梯被淡化后，线形就显得平直了。该算法极大地改善了显示时线段的线形质量。该方法缺点如下：①像素的亮度与相交区域的面积成正比，而与相交区域落在像素内的位置无关，仍然会导致锯齿效应；②直线条上沿理想直线方向的相邻两个像素有时会有较大的灰度差；③由于要计算面积，使计算量大大增加，速度也由此而减慢，所以它不适合于动态的交互式图形显示。

为了简化计算直线经过的像素面积，将每个像素分割成若干个子像素，检查每个子像素与直线的关系，近似估计面积。如图 3.22 所示，有 7 个子像素在直线范围内，则其近似面积为 7/9。

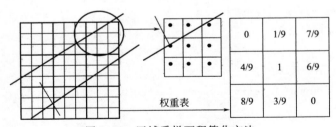

图 3.22　区域采样面积简化方法

3.5　上机实践

本章介绍了计算机图形学中的基本几何元素光栅化算法，请读者深入剖析这些经典算法并灵活运用。下面是一些作品案例，以供参考。

3.5.1　个性化名字案例

该案例是应用直线光栅化经典算法生成的个性化名字，结果图见图 3.23。

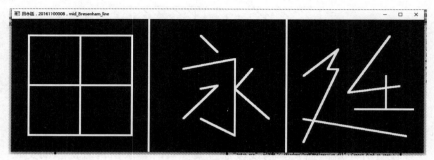

图 3.23　"田永廷"个性化名字生成结果

源代码如下：

```
# include "stdafx.h"
# include<GL/glut.h>
# include<stdlib.h>
# include<math.h>
# include<iostream>
void putpixel(int x,int y)
{//画点的方法
    glColor3f(1.0,1.0,1.0);//画笔颜色
    glPointSize(5.5);//画笔粗细
    glBegin(GL_POINTS);
    glVertex2f(x,y);//画点
    glEnd();
}
//Bresenham直画法程序
  void Bresenham_line(int x0,int y0,int x1,int y1)
  {
    int dx,dy,h,a,b,x,y,flag,t;
    dx＝abs(x1－x0);
    dy＝abs(y1－y0);
    if(x1＞x0)a=1;else a=－1;
    if(y1＞y0)b=1;else b=－1;
    x＝x0;
    y＝y0;
```

```
    if(dx>=dy){    //0<|k|<=1
        flag=0;
    }else {
        //|k|>1,交换 dx,dy
        t=dx;
        dx=dy;
        dy=t;
        flag=1;
    }
    h=2*dy-dx;
    for(int i=1;i<=dx;++i){
        putpixel(x,y);
        if(h>=0){
            if(flag==0)y=y+b;
            else x=x+a;
            h=h-2*dx;
        }
        if(flag==0)x=x+a;
        else y=y+b;
        h=h+2*dy;
    }
}


void display(void)
 {
glClearColor(0.0,0.0,0.0,0.0);//窗口背景颜色黑色,第四位是一个比例系数
glClear(GL_COLOR_BUFFER_BIT);
glEnable(GL_LINE_SMOOTH);
glViewport(0,0,1200,400);//视图大小
    //坐标起点及终点
    //田字
Bresenham_line(50,50,350,50);
Bresenham_line(50,350,350,350);
Bresenham_line(50,200,350,200);
Bresenham_line(50,50,50,350);
Bresenham_line(200,50,200,350);
Bresenham_line(350,50,350,350);
```

```
    Bresenham_line(400,0,400,400);
        //永字
    Bresenham_line(550,350,600,300);
    Bresenham_line(500,250,650,280);
    Bresenham_line(650,280,650,50);
    Bresenham_line(650,50,550,100);
    Bresenham_line(550,190,600,200);
    Bresenham_line(600,200,500,100);
        Bresenham_line(700,250,650,190);
        Bresenham_line(650,190,750,100);
    Bresenham_line(800,0,800,400);
        //廷字
    Bresenham_line(850,230,950,310);
    Bresenham_line(950,310,920,250);
    Bresenham_line(920,250,950,250);
    Bresenham_line(950,250,850,30);
    Bresenham_line(850,100,1150,50);
    Bresenham_line(1100,350,980,180);
    Bresenham_line(980,180,1130,200);
    Bresenham_line(1090,230,1090,130);
    Bresenham_line(1000,130,1170,130);
    glFlush();
        }
int main(int argc,char * * argv)
{
glutInit(&argc,argv);
glutInitDisplayMode(GLUT_SINGLE|GLUT_RED);//窗口模式
glutInitWindowSize(1200,400);//窗口大小
glutInitWindowPosition(50,200);//窗口位置
glutCreateWindow("田永廷,20161100008,mid_Bresenham_line");//窗口标题
glutDisplayFunc(display);
gluOrtho2D(0.0,1200.0,0.0,400.0);
glutMainLoop();
return 0;
    }
```

3.5.2 京东狗图案的设计

该案例为京东狗图案的设计开发,图 3.24 为设计草图,图 3.25 为运行结果。

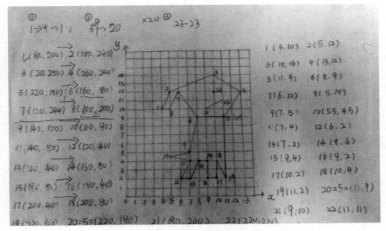

图 3.24　构思草图

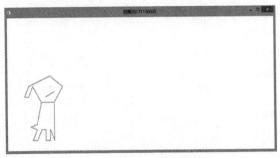

图 3.25　结果界面

源代码：

```
#include "stdafx.h"
#include<GL\glut.h>
#include<iostream>
#include<cmath>
using namespace std;
void init(void)
{
glClearColor(1.0,1.0,1.0,0.0);
glMatrixMode(GL_PROJECTION);
gluOrtho2D(0.0,200.0,0.0,150.0);
}
void swap_value(int * a,int * b)
```

```
    {
        int tmp= * a;
        * a= * b;
        * b=tmp;
    }
void LineBres(int x1,int y1,int x2,int y2)
    {
        glColor3f(0.0,1.0,1.0);
        glPointSize(2.0f);
        int dx=abs(x2-x1);
        int dy=abs(y2-y1);
        if(dx==0 && dy==0)
        {
            glBegin(GL_POINTS);
            glVertex2f(x1,y1);
            glEnd();
            glFlush();
            return;
        }
        int flag=0;
        if(dx<dy)
        {
            flag=1;
            swap_value(&x1,&y1);
            swap_value(&x2,&y2);
            swap_value(&dx,&dy);
        }
        int tx=(x2-x1)>0 ? 1:-1;
        int ty=(y2-y1)>0 ? 1:-1;
        int curx=x1;
        int cury=y1;
        int dS=2 * dy;
        int dT=2 * (dy-dx);
        int d=dS-dx;
        while(curx ! =x2)
        {
            if(d<0)
```

```
            d+=dS;
        else
        {
            cury+=ty;
            d+=dT;
        }

        if(flag)
        {
            glBegin(GL_POINTS);
            glVertex2f(cury,curx);
            glEnd();
            glFlush();
        }
        else
        {
            glBegin(GL_POINTS);
            glVertex2f(curx,cury);
            glEnd();
            glFlush();
        }
        curx+=tx;
    }
}
void ChangeSize(GLsizei w,GLsizei h)
{
    if(h==0)        h=1;
    glViewport(0,0,w,h);
    glMatrixMode(GL_PROJECTION);
    glLoadIdentity();
    if(w<=h)
glOrtho(0.0f,500.0f,0.0f,500.0f * h / w,1.0,-1.0);
    else
glOrtho(0.0f,500.0f * w / h,0.0f,500.0f,1.0,-1.0);
}
void display(void)
{
```

```
    glClear(GL_COLOR_BUFFER_BIT);
        LineBres(80,200,100,240);
        LineBres(100,240,200,280);
        LineBres(200,280,260,240);
        LineBres(260,240,220,180);
        LineBres(220,180,160,180);
        LineBres(160,180,120,240);
    LineBres(120,240,100,200);
        LineBres(100,200,80,200);
        LineBres(160,180,140,100);
        LineBres(140,100,110,90);
        LineBres(110,90,140,80);
        LineBres(140,80,120,40);
        LineBres(120,40,140,40);
        LineBres(140,40,160,80);
        LineBres(160,80,180,80);
        LineBres(180,80,180,40);
        LineBres(180,40,200,40);
        LineBres(200,40,200,80);
        LineBres(200,80,220,40);
        LineBres(220,40,220,180);
        LineBres(180,200,220,220);
        LineBres(200,240,200,240);
    }
    int main(int argc,char * argv[])
    {
        glutInit(&argc,argv);
    glutInitDisplayMode(GLUT_SINGLE|GLUT_RGB);
        glutInitWindowPosition(200,100);
        glutInitWindowSize(1000,400);
        glutCreateWindow("刘媛 20171100005");
        glutDisplayFunc(display);
        glutReshapeFunc(ChangeSize);
        init();
        glutMainLoop();
        return 0;
    }
```

3.5.3 人脸图案的设计

该案例为人脸图案的设计开发，图 3.26 为运行结果。

图 3.26 人脸图案运行结果

源代码：

```
#include "stdafx.h"
#include<GL\glut.h>
#include<iostream>
#include<cmath>
using namespace std;
void display()
{
glClear(GL_COLOR_BUFFER_BIT);
glColor3f(0.0,1.0,0.0);
glBegin(GL_POLYGON);
glVertex2f(-0.7,-0.7);
glVertex2f(0.7,-0.7);
glVertex2f(0,0.7);
glEnd();
glFlush();
glClear(GL_COLOR_BUFFER_BIT);
glColor3f(0.0,1.0,0.0);
glBegin(GL_LINE_LOOP);
int n=10;double t;
for(int i=0;i<n;++i){
t=i * 2.0 * 3.14159 / n;
```

```
glVertex2f(cos(t),sin(t));
}
glEnd();
glFlush();
glClear(GL_COLOR_BUFFER_BIT);
glColor3f(1.0,0.0,0.0);
glBegin(GL_POLYGON);//Draw the mouth 画嘴
glVertex2f(0.53,0.16);
glVertex2f(0.67,0.17);
glVertex2f(0.72,0.25);
glVertex2f(0.45,0.22);
glEnd();
glBegin(GL_TRIANGLES);//Draw the nose 画鼻子
glColor3f(1.0,1.0,0.0);
glVertex2f(0.58,0.52);
glVertex2f(0.5,0.3);
glVertex2f(0.66,0.3);
glEnd();
glBegin(GL_TRIANGLE_FAN);//Draw the hear 画头发
glColor3f(0.4,0.2,0.1);
glVertex2f(0.7,0.95);
glVertex2f(0.3,0.9);
glVertex2f(0.15,0.65);
glVertex2f(0.55,0.75);
glVertex2f(0.6,0.6);
glVertex2f(0.8,0.75);
glVertex2f(0.99,0.7);
glEnd();
glBegin(GL_LINE_STRIP);//Draw the face 画脸
glColor3f(0.5,0.5,0.5);
glVertex2f(0.25,0.68);
glVertex2f(0.30,0.23);
glVertex2f(0.6,0.05);
glVertex2f(0.85,0.23);
glVertex2f(0.89,0.72);
glEnd();
glBegin(GL_LINES);//Draw the eyebrow 画眉毛
```

```
glColor3f(0.0,1.0,1.0);
glBegin(GL_LINES);
glVertex2f(0.35,0.60);
glVertex2f(0.50,0.55);
glVertex2f(0.65,0.55);
glVertex2f(0.8,0.60);
glEnd();
glPointSize(7.0);//Draw the eyes 画眼
glColor3f(0.0,1.0,1.0);
glBegin(GL_POINTS);
//glBegin(GL_POINT_SMOOTH);
glVertex2f(0.42,0.50);
glVertex2f(0.73,0.51);
glEnd();
glFlush();
}
void init()
{/*
glClearColor(0.0,0.0,0.0,0.0);
glMatrixMode(GL_PROJECTION);
glLoadIdentity();
gluOrtho2D(-1.0,1.0,-1.0,1.0);
glMatrixMode(GL_MODELVIEW);*/
glClearColor(0.0,0.0,0.0,0.0);
glMatrixMode(GL_PROJECTION);
glLoadIdentity();gluOrtho2D(-0.0,1.0,-0.0,1.0);
glMatrixMode(GL_MODELVIEW);
}
int main(int argc,char * argv[])
{
glutInit(&argc,argv);
glutInitWindowPosition(200,100);
glutCreateWindow("石瑞栋 20171100003");
glutDisplayFunc(display);
init();
glutMainLoop();
return 0;
```

```
glutInit(&argc,argv);
glutInitWindowSize(400,400);
glutInitWindowPosition(200,100);
glutCreateWindow("石瑞栋 20171100003");
glutDisplayFunc(display);
init();
glutMainLoop();
return 0;
glutInit(&argc,argv);
glutInitWindowPosition(200,100);
glutCreateWindow("Green Triangle");
glutDisplayFunc(display);
init();
glutMainLoop();
return 0;
}
```

3.5.4　猫头图案设计

该案例为猫头图案的设计开发，图 3.27 为运行结果图。

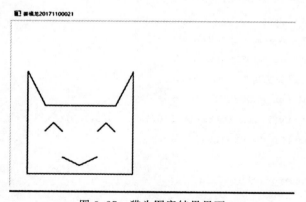

图 3.27　猫头图案结果界面

```
//猫头图案的设计源程序
# include "stdafx.h"
# include<GL\glut.h>
# include<iostream>
# include<cmath>
```

```cpp
using namespace std;
void init(void)
{
glClearColor(1.0,1.0,1.0,0.0);
glMatrixMode(GL_PROJECTION);
    gluOrtho2D(0.0,200.0,0.0,150.0);
}
void swap_value(int * a,int * b)
{
    int tmp= * a;
    * a= * b;
    * b=tmp;
}
void LineBres(int x1,int y1,int x2,int y2)
{
    glColor3f(0.0,1.0,1.0);
    glPointSize(2.0f);
    int dx=abs(x2-x1);
    int dy=abs(y2-y1);
    if(dx==0 && dy==0)
    {
        glBegin(GL_POINTS);
        glVertex2f(x1,y1);
        glEnd();
        glFlush();
        return;
    }
    int flag=0;
    if(dx<dy)
    {
        flag=1;
        swap_value(&x1,&y1);
        swap_value(&x2,&y2);
        swap_value(&dx,&dy);
    }
    int tx=(x2-x1)>0 ? 1:-1;
    int ty=(y2-y1)>0 ? 1:-1;
```

```
        int curx=x1;
        int cury=y1;
        int dS=2 * dy;
        int dT=2 * (dy-dx);
        int d=dS-dx;
        while(curx ! =x2)
        {
            if(d<0)
                d+=dS;
            else
            {
                cury+=ty;
                d+=dT;
            }

            if(flag)
            {
glBegin(GL_POINTS);
                glVertex2f(cury,curx);
                glEnd();
                glFlush();
            }
            else
            {
glBegin(GL_POINTS);
glVertex2f(curx,cury);
                glEnd();
                glFlush();
            }
            curx+=tx;
        }
}
void ChangeSize(GLsizei w,GLsizei h)
{
    if(h==0)        h=1;
    glViewport(0,0,w,h);
glMatrixMode(GL_PROJECTION);
```

```
    glLoadIdentity();
    if(w<=h)
    glOrtho(0.0f,500.0f,0.0f,500.0f * h / w,1.0,-1.0);
      else
    glOrtho(0.0f,500.0f * w / h,0.0f,500.0f,1.0,-1.0);
}
void display(void)
{
glClear(GL_COLOR_BUFFER_BIT);
LineBres(50,50,50,350);
LineBres(50,350,100,250);
LineBres(100,250,300,250);
LineBres(300,250,350,350);
LineBres(350,350,350,50);
LineBres(350,50,50,50);
LineBres(100,175,125,200);
LineBres(125,200,150,175);
LineBres(250,175,275,200);
LineBres(275,200,300,175);
LineBres(150,100,200,75);
LineBres(200,75,250,100);


}
int main(int argc,char * argv[])
{
    glutInit(&argc,argv);
glutInitDisplayMode(GLUT_SINGLE|GLUT_RGB);
glutInitWindowPosition(200,100);
    glutInitWindowSize(1000,400);
    glutCreateWindow("姜福龙 20171100021");
    glutDisplayFunc(display);
    glutReshapeFunc(ChangeSize);
    init();
    glutMainLoop();
    return 0;
}
```

3.5.5　五星红旗设计

该案例为五星红旗的设计开发，图 3.28 为运行结果界面。

图 3.28　五星红旗运行结果界面

源代码：

```
#include "gl/glut.h"
#include<math.h>
#define PI 3.1415926535898
typedef struct Vector2fDefine
{
    GLfloat x;
    GLfloat y;
} Vector2f;
void mglstar5(GLfloat centerX, GLfloat centerY, GLfloat endX, GLfloat
endY);
    void rotate(GLfloat centerX, GLfloat centerY, GLfloat * endX, GLfloat *
endY,float rad);
    void mglstar5_part(GLfloat centerX,GLfloat centerY,GLfloat endX,GLfloat
endY);

    void display()
    {
        glClear(GL_COLOR_BUFFER_BIT);
        glColor3f(1,0,0);
        glBegin(GL_QUADS);
```

```
        glVertex2f(-0.9,0.6);
        glVertex2f(0.9,0.6);
        glVertex2f(0.9,-0.6);
        glVertex2f(-0.9,-0.6);
        glEnd();
        glColor3f(1,1,0);
        //main star
        mglstar5(-0.60,0.30,-0.78,0.36);
        //four-star
        mglstar5(-0.30,0.48,-0.24,0.48);
        mglstar5(-0.18,0.36,-0.24,0.36);
        mglstar5(-0.18,0.18,-0.18,0.24);
        mglstar5(-0.30,0.06,-0.24,0.06);

        glutSwapBuffers();
}
int main(int argc,  char * argv[])
{
        glutInit(&argc,argv);
        glutInitDisplayMode(GLUT_RGB|GLUT_DOUBLE);
        glutInitWindowPosition(10,10);
        glutInitWindowSize(400,400);
        glutCreateWindow("李长杰 20171800012");
        glutDisplayFunc(display);
        glutMainLoop();
        return 0;
}
void mglstar5(GLfloat centerX,GLfloat centerY,GLfloat endX,GLfloat endY)
{

        for(int i=0;i<5;i++)
        {
            mglstar5_part(centerX,centerY,endX,endY);
            rotate(centerX,centerY,&endX,&endY,2 * PI/5);
        }

}


void mglstar5_part(GLfloat centerX,GLfloat centerY,GLfloat endX,GLfloat
```

```
endY){
        float cf1=tan(PI / 10)/(tan(PI / 5)+tan(PI / 10));
        float cf2=tan(PI / 5);

        Vector2f PQ={ endX-centerX,endY-centerY };
        Vector2f PH={ cf1* PQ. x,cf1* PQ. y };
        Vector2f HM={ cf2* PH. y,cf2*(-PH. x)};

        Vector2f M={ centerX+PH. x+HM. x,centerY+PH. y+HM. y };
        Vector2f N={ centerX+PH. x-HM. x,centerY+PH. y-HM. y };

        glBegin(GL_POLYGON);
        glVertex2f(centerX,centerY);
        glVertex2f(M. x,M. y);
        glVertex2f(endX,endY);
        glVertex2f(N. x,N. y);
        glEnd();
    }

    void rotate(GLfloat centerX, GLfloat centerY, GLfloat * endX, GLfloat *
endY,float rad){
        Vector2f vector={ * endX-centerX, * endY-centerY };
        Vector2f resultV={
            cos(rad) * vector. x+sin(rad) * vector. y,
            cos(rad) * vector. y+sin(rad) * (-vector. x)
        };

        * endX=centerX+resultV. x;
        * endY=centerY+resultV. y;
    }
```

本章习题

1. 用直线方程绘制直线的缺点是什么？
2. 是否可以用圆的方程式画圆？如何实现？
3. 验证直线光栅化 DDA 算法和 Bresenham 算法，并进行改进或应用。

4. 如下图所示多边形，若采用改进的有效边表算法进行填充，请写出该多边形的 ET 表和当扫描线 $y=8$ 和 $y=2$ 时的 AET 表。

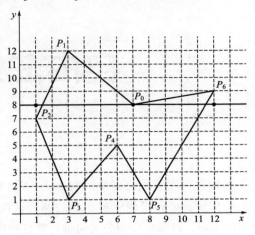

## 第 4 章

自由曲线曲面

随着产品对外形美观和物理性能优化需求的增加，产品设计越来越多地涉及复杂的曲线和曲面。某些形状，如行星绕太阳运动的路径、汽车外形或人脸等曲面，用数学解析式表达很困难，且很难应用公式通过计算机程序绘制。但是，曲线曲面设计是产品设计的重要组成部分，例如汽车挡泥板、涡轮机叶片或电钻外壳曲线的一部分，设计过程是设计者把曲线的草图录制到绘图板上，然后沿着曲线移动光标在一组接近曲线的控制顶点处点击，从设计者设定的控制顶点集合开始且应用某个特定算法沿曲线产生一系列点。因此，需要研究曲线曲面更适合的表示方法。

1963 年，美国波音公司的弗格森将曲线和曲面表示成参数矢量函数形式，并用三次参数曲线构造组合曲线。1964 年，美国麻省理工学院（MIT）的孔斯（Coons）用封闭曲线的四条边界来定义曲面。1971 年，法国雷诺（Renault）汽车公司的贝塞尔（Bezier）提出用控制多边形定义曲线和曲面的方法，采用初等几何的概念自由地构建各种曲线和曲面。1972 年，德布尔（De Boor）给出了 B 样条的标准计算方法。1974 年，美国通用汽车公司的戈登（Gordon）和里森费尔德将 B 样条理论用于形状描述，提出 B 样条曲线、曲面。1975 年，美国的 Versprill 提出了有理 B 样条方法。20 世纪 80 年代后期，美国的 Piegl 和 Tiller 提出了非均匀有理 B 样条（Non-uniform Rational B-Spline，NURBS）方法，成为自由曲线曲面描述的通用方法。

本章将介绍典型曲线曲面表示的基础知识和理论。

4.1 曲线和曲面表示的基础知识

4.1.1 基本概念

曲线和曲面根据描述方式可以分为两类：①规则曲线和规则曲面，即可以用数学方程式表示的曲线和曲面，如圆、抛物线、螺旋线、球面、圆柱、圆锥等；②自由曲线和曲面，即难以用数学方程式表示的曲线和曲面，如人体外形、汽车外形等。

自由曲线一般由离散点生成和表示，离散点分为控制点（Control points）、型值点（Data points）、插值点（Interpolation points）三种。控制点也用来确定曲线和曲面的位置与外形，但是相应曲线和曲面不一定经过该点。控制顶点序列通常称为控制多边形。型值点也用来确定曲线和曲面位置和外形，相应的曲线和曲面必须要经过该点。在型值点之间插入的一系列点称为插值点。

由离散点生成曲线曲面的方法包括插值和拟合。

① 插值是函数逼近的重要方法，即设计的函数通过给定的几个离散点，如线性插值、抛物线插值，该方法存在误差。

② 在曲线和曲面设计过程中，构造一条曲线或一个曲面使之在某种意义下最接近给定的离散点（不一定通过）的方法为拟合，如贴近原始型值点或控制点序列，使曲线和曲面更加光滑。

当型值点太多无法找到一个通过所有型值点的函数时，可以选择一个次数较低且性质较好的函数近似表示一些性质不好的函数，使曲线和曲面在某种程度上靠近这些型值点，即逼近，如最小二乘法。在计算机图形学中，插值和拟合都属于逼近。对于逼近样条，连接控制点序列的折线（控制多边形）通常被显示出来。

4.1.2　曲线和曲面的表示方式

曲线、曲面方程有参数表示和非参数表示两种，非参数表示又分为显式表示和隐式表示。

（1）非参数表示

曲线上各点的一个坐标变量能够表示为另一个变量的函数，称为显式表示法，一般形式为 $y=f(x)$，如直线的方程 $y=kx+b$ 就为显式表示。显式方程不能表示封闭或多值曲线。

隐式表示法中只给出了各坐标变量之间的关系，不要求一一对应或多对一。一般形式为 $F(x,y)=0$。如圆的方程 $x^2+y^2=r^2$ 为隐式表示。该表示法的优点是易于判断一个点是否在曲线上。

（2）参数表示

参数表示即将曲线、曲面上各点的坐标变量显式地表示成自变量参数 $t\in[0,1]$ 的函数，

$$\boldsymbol{P}(t)=[x(t),y(t),z(t)]$$

其中，

$$x = x(t)$$
$$y = y(t)$$
$$z = z(t)$$

参数表示和非参数表示的比较如表 4.1 所示。

表 4.1   参数表示与非参数表示的比较

参数表示	非参数表示
不依赖于坐标系的选取，具有形状不变性	与坐标系相关
变化率以切矢量表示，不会出现无穷大的情况	会出现斜率为无穷大的情况（如垂线）
参数表示的曲线、曲面进行平移、比例、旋转等几何变换比较容易	非平面曲线难用常系数的非参数化函数表示
界定曲线、曲面的范围简单	
用参数表示的曲线曲面的交互能力强，参数的系数几何意义明确，并提高了自由度，便于控制形状	不利于计算和编程

4.1.3 参数曲线的参数

参数曲线是一个有界点集，包括如下参数。

（1）位置矢量

曲线的参数方程为

$$P(t) = (x(t), y(t), z(t)), t \in [0,1]$$

曲线上任意一点的位置矢量可以由该式表示。

（2）切矢量

曲线的切矢量表示当参数 t 递增一个单位时三个坐标变量的变化量，表示为

$$\frac{\mathrm{d}\boldsymbol{P}(t)}{\mathrm{d}t} = \boldsymbol{P}'(t) = \begin{bmatrix} x'(t) \\ y'(t) \\ z'(t) \end{bmatrix}$$

（3）曲率

切向量求导后的向量，称为曲率。用切矢量的夹角与弧长的比值度量弧的弯曲程度，当弧长趋近于 0 时，曲线在点 $P(s)$ 处的曲率为曲线在该点处的二阶导数。曲率半径为曲率的倒数。曲率越大，曲率半径越小，表示曲线的弯曲程度越大，反之亦然。

（4）法矢量

设该点处的单位切矢量为 $\boldsymbol{T}$，垂直于切矢量的矢量为法矢量。密切平面为通过给定点且包含切矢量 $\boldsymbol{T}$ 和主法矢量 $\boldsymbol{N}$ 的平面；法平面为通过给定点且包含主

法矢量 **N** 和副法矢量 **B** 的平面；从切平面为通过给定点且包含副法矢量 **B** 和切矢量 **T** 的平面。详见图 4.1。

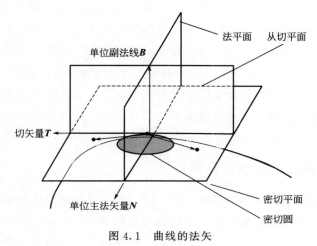

图 4.1 曲线的法矢

(5) 挠率

空间曲线不但弯曲，而且还有扭曲，即离开它的密切平面的趋势。研究这一扭曲程度等价于研究密切平面的法矢量（即曲线的副法矢量）关于弧长的变化率。挠率的绝对值等于副法线方向对于弧长的转动率。

4.1.4 参数连续性和几何连续性

当用曲线描述一个物体实时移动的轨迹时，物体沿着轨迹线移动是否光滑、是否有暂停或折回等情况通常用曲线的参数连续性和几何连续性描述。

(1) 参数连续性

如果曲线 $P = P(t)$ 在 $t = t_0$ 处满足左右 n 阶导矢均存在且相等，则称曲线在此处是 n 阶参数连续的，或称 C^n 连续。即，如果曲线在一个区间是连续的，0 阶导数相同，称之为零阶连续光滑。如果曲线在一个区间存在一阶连续导数，称之为一阶连续光滑。如果曲线在一个区间存在一阶、二阶连续导数，称之为二阶光滑连续。类似地，可以定义高阶参数连续性。对于位移曲线，有连续的速度和加速度的曲线是二阶光滑的。

(2) 几何连续性

经典的参数连续性在图形学里不适合，因为太苛刻，所以引入几何连续性。一般地，曲线的几何连续性要求曲线的各阶导数向量的方向是连续的，即使它们在速率上有不连续点。

如果曲线 $P = P(t)$ 在 $t = t_0$ 处满足位置连续，即 $P(t_0^-) = P(t_0^+)$，则称曲

线在 $t=t_0$ 处零阶几何连续。

如果曲线 $P=P(t)$ 在 $t=t_0$ 处满足零阶几何连续，且切矢量方向相同，即存在常数 $\alpha>0$，使 $P'(t_0^-)=\alpha P'(t_0^+)$，则称曲线在此处为一阶几何连续。因此，任一点的速度向量的长度可能以某个常数的倍数跳跃变化，但其方向是连续的。

如果曲线 $P=P(t)$ 在 $t=t_0$ 处满足一阶几何连续，且副法矢量连续，曲率连续，即 $P'(t_0^-)=\alpha P'(t_0^+),P''(t_0^-)=mP''(t_0^-)$，则称曲线在此处二阶几何连续。

可见，曲线的几何连续性实际上是指曲线的速率或速度向量的长度（和它们的导数）是连续的。副法矢量连续要求曲线在 $t=t_0$ 处的密切平面重合，曲率连续要求曲线在 $t=t_0$ 处的弯曲程度一致。

4.1.5 参数曲线的代数和几何形式

过给定的控制点，取不同的参数值，可以构造出无数条参数曲线。每个参数值称为节点，对于一条插值曲线，型值点与参数域 $t\in[t_0,t_1]$ 内的节点之间存在对应关系。对于一组有序的型值点，确定一种参数分割，称为这组型值点的参数化。参数化的本质就是找一组恰当的参数 t 来匹配这一组不同的型值点。给定一组不同的型值点，就要给出不同的参数，即不同的 t 值，这样才能使这条曲线美观、合理。

参数化常用的方法包括以下三种。

(1) 均匀参数化

节点在参数轴上等距分布，如 0、1/10、2/10……

(2) 累加弦长参数化

根据长度的比例关系来确定参数 t。

$$t_0=0,t_i=t_{i-1}+|\Delta P_{i-1}|(i=1,2,\cdots,n;\Delta P_i=P_{i+1}-P_i)$$

这种参数法如实反映了型值点按弦长的分布情况，能够克服型值点按弦长分布不均匀的情况下采用均匀参数化所出现的问题。

(3) 向心参数化法

向心参数化法假设在一段曲线弧上，其向心力与曲线切矢量从该弧段始端至末端的转角成正比，加上一些简化假设，得到向心参数。该方法适用于非均匀型值点分布。

参数曲线可以表示为代数形式和几何形式，以三次参数曲线为例，其代数形式为：

$$\begin{cases} x(t)=X_3t^3+X_2t^2+X_1t+X_0 \\ y(t)=Y_3t^3+Y_2t^2+Y_1t+Y_0 \qquad t\in[0,1] \\ z(t)=Z_3t^3+Z_2t^2+Z_1t+Z_0 \end{cases}$$

其矢量形式为：$\boldsymbol{P}(t)=\boldsymbol{A}_3 t^3 + \boldsymbol{A}_2 t^2 + \boldsymbol{A}_1 t + \boldsymbol{A}_0$　　　　$t \in [0,1]$　　　　　　(4-1)

其中，$\boldsymbol{A}_i = (X_i, Y_i, Z_i)(i=0,1,2,3)$ 是多项式系数的矢量。代数形式的缺点是改变系数后曲线如何变化是不清楚的。

几何形式是利用一条曲线端点的几何性质来刻画曲线。所谓端点的几何性质，就是指曲线端点的位置、切向量、各阶导数等信息。

对于三次多项式曲线，有以下两个几何条件：①两端点的位置 $\boldsymbol{P}_0 = \boldsymbol{P}(0)$ 和 $\boldsymbol{P}_1 = \boldsymbol{P}(1)$；②两端点的切矢量 $\boldsymbol{P}_0' = \boldsymbol{P}'(0)$ 和 $\boldsymbol{P}_1' = \boldsymbol{P}'(1)$。

将上述几何条件带入三次参数曲线方程，可得到下述四个方程：

$\boldsymbol{P}_0 = \boldsymbol{A}_0$

$\boldsymbol{P}_0' = \boldsymbol{A}_1$

$\boldsymbol{P}_1 = \boldsymbol{A}_0 + \boldsymbol{A}_1 + \boldsymbol{A}_2 + \boldsymbol{A}_3$

$\boldsymbol{P}_1' = \boldsymbol{A}_1 + 2\boldsymbol{A}_2 + 3\boldsymbol{A}_3$

求解上述方程，可得到四个系数：

$A_0 = P_0$

$A_1 = P_1$

$A_2 = 3P_1 - 3P_0 - P_1' - 2P_0'$

$A_3 = -2P_1 + 2P_0 + P_1' + P_0'$

将系数带入公式(4-1)，可得到三次曲线的几何形式：

$\boldsymbol{P}(t) = F_0(t)\boldsymbol{P}_0 + F_1(t)\boldsymbol{P}_1 + G_0(t)\boldsymbol{P}_0' + G_1(t)\boldsymbol{P}_1'$，

其中，调和函数

$F_0(t) = 2t^3 - 3t^2 + 1$；$F_1(t) = -2t^3 + 3t^2$；$G_0(t) = t^3 - 2t^2 + t$；$G_1(t) = t^3 - t^2$

P_0、P_1、P_0'、P_1' 为其几何系数。

4.1.6　参数曲面的参数

uv 平面矩形域上的参数曲面片可表示成如下形式

$$\boldsymbol{P}(u,v) = [x(u,v), y(u,v), z(u,v)], u, v \in [0,1]$$

其中，$x = x(u,v)$；

　　　　$y = y(u,v)$；

　　　　$z = z(u,v)$；

　　　　$u, v \in [0,1]$

称上式为矩形域上的参数曲面。

用来描述参数曲面片几何性质的几何元素包括：角点 P_{01}、P_{00}、P_{10}、P_{11}，矩形域曲面片的四条边界线 $P(u,1)$、$P(u,0)$、$P(0,v)$、$P(1,v)$，切矢

量，法矢量，具体详见图 4.2。

其中，曲面片在 $P(u_i,v_j)$ 点处具有 u 向切矢 $\boldsymbol{P}_u(u_i,v_j)$ 和 v 向切矢 $\boldsymbol{P}_v(u_i,v_j)$，该点的法矢量为 $\boldsymbol{P}_u(u_i,v_j)\times\boldsymbol{P}_v(u_i,v_j)$。

曲面上过某点的任何一条曲线在该点的切矢量都是曲面在该点的切矢量。所有这些切矢量张成的平面称为曲面在该点的切平面。曲面在该点的切平面方程是 u 向切矢和 v 向切矢的线性函数。

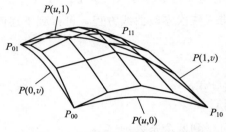

图 4.2　参数曲面的几何元素

4.2　Bezier 参数曲线曲面

4.2.1　Bezier 曲线的背景和基本定义

给定 $n+1$ 个数据点，生成一条曲线，使该曲线与这些点所描述的形状相符，可以用插值法或拟合法获得。拟合法在计算机图形学中主要用来设计美观或符合某些美学标准的曲线。为了解决这个问题，有必要找到一种用小的部分即曲线段构建曲线的方法。当用曲线段拟合曲线 $f(x)$ 时，可以把曲线表示为许多小线段 $\phi_i(x)$ 之和，其中 $\phi_i(x)$ 为基函数。基函数用于计算和显示，因此，经常选择多项式作为基函数

$$\phi(x)=a_nx^n+a_{n-1}x^{n-1}+\cdots+a_1x^1+a_0$$

1962 年，贝塞尔构造了一种以逼近为基础的参数曲线和曲面的设计方法，并用这种方法完成了一种称为 UNISURF 的曲线和曲面设计系统。Bezier 曲线曲面的思想是在进行汽车外形设计时，先用折线段勾画出汽车外形的大致轮廓，然后用光滑的参数曲线去逼近这个多边形，这个折线多边形称为特征多边形。逼近该特征多边形的曲线为 Bezier 曲线。Bezier 方法将函数逼近同几何表示结合起来，使设计者在计算机上就像使用作图工具一样得心应手。Bezier 曲线广泛地用于很多图形图像软件中，如 Flash、CorelDRAW 和 Photoshop 等。

Bezier 曲线是通过一组多边折线的端点来定义曲线的形状的，这组多边折线

称为 Bezier 多边形或特征多边形。Bezier 曲线的起点和终点与该多边形的起点和终点重合，多边形第一条边和最后一条边表示曲线在起点和终点的切矢量方向，分别与曲线在起点和终点处相切。

设给定空间 $n+1$ 个顶点的位置向量为 P_i，则 Bezier 曲线上各坐标点的插值公式为：

$$P(t) = \sum_{t=0}^{n} P_i B_{i,n}(t), 0 \leqslant t \leqslant 1$$

其中，伯恩斯坦（Bernstain）基函数，即 Bezier 多边形的各顶点位置向量之间的调和函数定义如下

$$B_{k,n}(t) = \frac{n!}{k!\,(n-k)!} t^k (1-t)^{n-k} = C_n^k t^k (1-t)^{n-k}, k = 0,1,\cdots,n$$

当 $k=0$，$t=0$ 时，$t^k=1$，$k!=1$。

当 $n=1$ 时，有两个控制点 P_0、P_1，为一次 Bezier 曲线，是连接起点和终点的直线段：

$$P(t) = (1-t)P_0 + tP_1 \qquad (0 \leqslant t \leqslant 1)$$

当 $n=2$ 时，有三个控制点 P_0、P_1、P_2，为二次 Bezier 曲线，是抛物线：

$$P(t) = (1-t)^2 P_0 + 2t(1-t)P_1 + t^2 P_2 \qquad (0 \leqslant t \leqslant 1)$$

以此类推，会得到三次、四次、…、多次 Bezier 曲线。控制点越多，Bezier 曲线的基函数次数越高。

4.2.2　Bezier 曲线的性质

伯恩斯坦基函数有如下几个重要性质。

（1）正性（非负性）

伯恩斯坦基函数总是非负的，如下所示。

$$B_{i,n}(t) = \begin{cases} =0 & t=0,1 \\ >0 & t \in (0,1), i=1,2,\cdots,n-1 \end{cases}$$

（2）权性

基函数有 $n+1$ 项，各项之和等于 1，即

$$\sum_{i=0}^{n} B_{i,n}(t) = 1 \qquad t \in (0,1)$$

（3）递推性

n 次的伯恩斯坦基函数可以由两个 $n-1$ 次的伯恩斯坦基函数线性组合而成。

Bezier 曲线是一段 n 次伯恩斯坦多项式曲线，具有凸包性、对称性、几何不变性、变差缩减性等。

（1）端点性质

Bezier 曲线的起点、终点与其相应的特征多边形的起点、终点重合；Bezier 曲线在起点、终点处的切线方向和特征多边形第一条及最后一条边的走向一致；Bezier 曲线在端点处的 r 阶导数只与 $r+1$ 个相邻点有关。

（2）对称性

颠倒顶点顺序，形状不变，但方向相反。曲线及其特征多边形在起点处的几何性质与终点处的几何性质相同。

（3）凸包性

Bezier 曲线落在特征多边形构成的凸包之中。

（4）几何不变性

Bezier 曲线的位置与形状仅与其特征多边形顶点的位置有关。

（5）变差缩减性

平面内任意直线与特征多边形内的 Bezier 曲线的交点个数不多于该直线和其特征多边形的交点个数，即 Bezier 曲线比其特征多边形的波动还小。

Bezier 曲线具有以上诸多优点，但是也存在如下缺点：①缺少局部性，修改某一个控制顶点将影响整条曲线；②曲线与控制多边形的逼近程度较差，次数越高，逼近程度越差；③当表示复杂形状时，无论采用高次曲线还是多段低次曲线拼接起来的曲线，都相当复杂。

4.2.3　Bezier 曲线的生成

Bezier 曲线可以根据定义直接生成。首先给出 C_n^i 的递归计算公式，然后根据 Bezier 曲线的定义将其转换为分量坐标形式，直接写程序。但该方法计算量太大，不适合工程应用。

德卡斯特里奥（de Casteljau）算法用于递归生成 Bezier 曲线，该方法要简单高效很多。具体思想为：

在控制多边形的以 P_i 和 P_{i+1} 为端点的第 i 条边上找一点 $P_{i,1}(t)$，把该边按比例 $t:(1-t)$ 划分，则分点为

$$P_{i,1}(t)=(1-t)P_i+tP_{i+1}\qquad i=0,1,\cdots,n-1$$

这 n 个点组成一个新的 $n-1$ 边形，对该多边形重复上述操作，得到一个 $n-2$ 边形的顶点 $P_{i,2}(t)(i=0,1,\cdots,n-2)$。

以此类推，连续 n 次后，得到一个单点 $P_{i,n}(t)$，该点就是 Bézier 曲线上参数为 t 的点 $P(t)$。让 t 在 ［0，1］ 间变动就得到 Bézier 曲线，并且向量 $\overrightarrow{nP_{0,n-1}P_{1,n-1}}$ 是曲线在点 $P(t)$ 处的切向量。

下面以一个四次 Bezier 曲线的生成为例进行几何作图。假设 $t=1/4$，$t\in$

$[0,1]$，则执行的定比分割为 $t:(1-t)=\dfrac{1}{4}:\left(\dfrac{3}{4}\right)$，依次执行上述步骤，最终获得 $P\left(\dfrac{1}{4}\right)=P_{0,3}$，具体操作示意图见图 4.3。

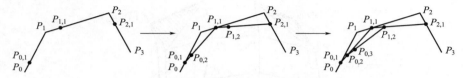

图 4.3 四次 Bezier 曲线几何作图生成法示意图

4.2.4 Bezier 参数曲面

在空间中给定 $(n+1)\times(m+1)$ 个点，称以下张量积形式的参数多项式曲面为 $n\times m$ 次的 Bézier 曲面，如图 4.4 所示。

$$P(u,v)=\sum_{i=0}^{n}\sum_{j=0}^{m}P_{ij}J_{i,n}(u)J_{j,m}(v),0\leqslant u,v\leqslant 1$$

其中，$J_{i,n}(u)$，$J_{i,n}(v)$ 是 n 次 Bernstein 基函数。

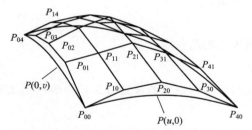

图 4.4 Bezier 曲面控制网格

Bezier 曲面具有以下性质。

(1) 端点位置

控制网格的四个角 P_{00}、P_{0m}、P_{n0}、P_{nm} 是曲面 $P(u,v)$ 的四个端点。

(2) 边界线的位置

$P(u,v)$ 的四条边界线 $P(0,v)$、$P(u,0)$、$P(1,v)$、$P(u,1)$ 是 Bezier 曲线，它们分别以 $P_{00}P_{01}\cdots P_{0m}$、$P_{n0}P_{n1}\cdots P_{nm}$、$P_{00}P_{10}\cdots P_{n0}$、$P_{0m}P_{1m}\cdots P_{nm}$ 为控制多边形。

(3) 端点的切平面

端点 P_{00} 的 u 向切矢和 v 向切矢分别为 $n(P_{10}-P_{00})$ 和 $m(P_{01}-P_{00})$，所以三角形 $P_{00}P_{10}P_{01}$ 所在的平面在 P_{00} 点和曲面相切。同理，三角形 $P_{1m}P_{0,m-1}$、

$P_{nm}P_{n-1,m}P_{n,m-1}$、$P_{n0}P_{n-1,0}P_{n1}$ 所在的平面分别在点 P_{0m}、P_{nm}、P_{n0} 处与曲面相切，具体详见图 4.5。

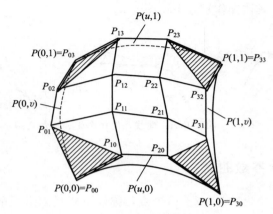

图 4.5   Bezier 曲面的端点切平面

（4）端点的法向

由端点的切平面知，$\overrightarrow{P_{00}P_{01}} \times \overrightarrow{P_{00}P_{10}}$ 是 $P(u,v)$ 在点 P_{00} 处的法向；其余各端点处法向的情况类似。

（5）凸包性

曲面位于其控制顶点的凸包内。

（6）放射不变性

曲面的形状仅仅与控制网格点的位置有关，与坐标系无关。

（7）拟局部性

控制顶点的改变对靠近它的点影响较大，要改变曲面某部分的形状，需要交互调节相应的控制顶点。

Bezier 曲面是以逼近为基础的曲面设计方法。它先通过控制顶点网格勾画出曲面的大体形状，然后通过修改控制顶点的位置修改曲面的形状。这种构造方法比较直观，易于为工程设计人员所接受，因而获得了广泛的应用。这种方法不具有局部性，即修改任意一个控制顶点都会影响整张曲面的形状。

4.3 B 样条曲线曲面

4.3.1 B 样条曲线

1972 年，Gordon、Riesenfield 和 Forrest 等人受到 Bezier 方法的启发，用 B

样条函数代替 Bernstein 函数，并推广成参数形式的 B 样条曲线。整体曲线有完整的表达式，实质却是分段函数。如果有 $n+1$ 个点，每两点之间构造一个多项式(如 3 次多项式)，则 B 样条曲线就是 n 个三次多项式的拼接，段段之间必须二次连续。

对于给定的 $n+1$ 个空间点 P_i，$i=0,1,2,\cdots,n$，k 阶 $(k-1)$ 次 B 样条曲线定义如下

$$\boldsymbol{P}(t)=\sum_{i=0}^{n}\boldsymbol{P}_i B_{i,k}(t),\qquad t_{k-1}\leqslant t\leqslant t_{n+1}$$

式中，$P_i(i=0,1,\cdots,n)$ 是控制多边形的顶点；$B_{i,k}(t)$ 为 k 阶 B 样条基函数，k 是 2 到 $n+1$ 之间的任意整数。对于 Bezier 曲线，阶数与次数一样。而 B 样条曲线的阶数是次数加 1。B 样条基函数 $B_{i,k}(t)$ 定义如下

$$\begin{cases}B_{i,0}(t)=\begin{cases}1 & t\in[t_i,t_{i+1}]\\0 & \text{其余}\end{cases} & i=0,1,\cdots,n\\[2mm]B_{i,k}(t)=\dfrac{t-t_i}{t_{i+k}-t_i}B_{i,k-1}(t)+\dfrac{t_{i+k+1}-t}{t_{i+k+1}-t_{i+1}}B_{i+1,k-1}(t),\end{cases}$$

从定义可知，$n+1$ 个控制顶点需要用到 $n+1$ 个 k 次 B 样条基函数，每个基函数都是 k 次 B 样条。所有支撑区间所含节点的并集为 $T=(t_0,t_1,\cdots,t_{n+k+1})$。

当 $n=2$ 且 $i=0,1,2$ 时，得二次 B 样条曲线，其表达式为

$$P(t)=\sum_{i=0}^{2}P_i B_{i,2}(t)=P_0 B_{0,2}(t)+P_1 B_{1,2}(t)+P_2 B_{2,2}(t)$$

$$B_{0,2}(t)=(t-1)^2/2$$

$$B_{1,2}(t)=(-2t^2+2t+1)/2$$

$$B_{2,2}(t)=\frac{1}{2}t^2$$

二次 B 样条曲线为一条抛物线，起点 $P(0)$ 位于 $P_0 P_1$ 直线的中点处，终点 $P(1)$ 位于特征多边形第二条边的中点，$P(1/2)$ 是 $P(0)$、P_1、$P(1)$ 三点所构成三角形的中线的重点，且该处的切线平行于 $P(0)P(1)$ 的连线。

B 样条曲线具有递推性、权性、正性和局部支撑性、可微性、几何不变性、变差缩减性。因此，相比较于 Bezier 曲线，B 样条曲线具有如下优点：①与控制多边形的外形更接近；②具有局部修改能力；③可以表示任意形状，包括尖点、直线的曲线；④易于拼接；⑤阶次低，与型值点数目无关，计算简便。

4.3.2　B 样条曲面

给定的 $(m+1)\times(n+1)$ 个控制点 $d_{i,j}(i=0,1,\cdots,m;j=0,1,\cdots,n)$ 构成一

张控制网格，节点矢量为 $\boldsymbol{U} = (u_0, u_1, \cdots, u_{m+k+1})$ 与 $\boldsymbol{V} = (v_0, v_1, \cdots, v_{n+l+1})$，则称以下张量积形式的参数多项式曲面为 $k \times l$ 次的 B 样条曲面。

$$p(u, v) = \sum_{i=0}^{m} \sum_{j=0}^{n} d_{i,j} N_{i,k}(u) N_{j,l}(v), u \in [u_k, u_{m+1}], v \in [v_l, v_{n+1}]$$

除变差缩减性，其他 B 样条曲线的性质都可以推广到 B 样条曲面。

4.4　多边形网格曲面

4.4.1　多边形网格的定义

以精确方程表示的曲线曲面在某些工程应用中并不适用，例如在数控加工和有限元分析中常用近似表示的曲线和曲面。曲线经常近似表示为圆弧或直线，曲面则用多边形网格表示。为了保持多边形的所有顶点都在一个平面上，常用三角面片表示曲面，并称这种曲面为三角形网格，如图 4.6 所示。所有的图形库和图形硬件系统都能很方便地处理三角形网格。

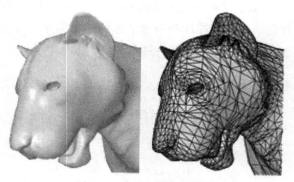

图 4.6　多边形网格的例子

多边形网格是多边形的集合，每个多边形的顶点都指定一个法向量。多边形网格曲面由顶点序列和面表组成。因为三角形是最简单的多边形，因此曲面三角化描述比较简单，可由顶点序列和三角形序列构成。顶点用点的三维空间坐标表示，三角形序列由组成该三角形的三个顶点的序号表示（这是一种拓扑信息）。

在文件或程序中存储网格信息的方法很多。可以由多边形组成的列表存储，对于每个多边形再构建一个列表记录其所有顶点的位置和顶点的法线信息。该方法存在冗余。一个更高效的方法是使用顶点列表、法线列表和面片列表。顶点列表记录网格中不同顶点的位置，法线列表记录模型中存在的不同法线向量，面片列表记录顶点列表与法线列表中的索引。

4.4.2　多边形网格的性质

对于已知顶点、法向量、面片列表的网格，其表示的是何种物体主要决定于以下性质。

(1) 实体性

如果一个网格的面片包围的是一块有限体积的空间，则该网格表示的是一个实体对象。

(2) 连通性

如果网格的每个面片至少与其他面片共享一条边，那么该网格是连通的。

(3) 简单性

如果网格表示的是一个实体并且其中不含有洞，那么网格是简单的，可以不经撕裂地变化为一张球面。

(4) 平直性

如果网格的每一个面片都是平面多边形，则网格是平直的，即面片的顶点都落在同一个平面上。例如，三角形面片就是平直的。

(5) 凸性

如果连接此物体任意两点的线段也全部包含在物体中，那么这个网格表示的就是一个凸体。

4.4.3　网格简化

在用三角形网格模型描述复杂物体时，为了刻画出复杂物体的细节，常需要成千上万个三角形，结果导致了庞大的物体模型的出现。为了实时显示物体，往往要进行模型简化。模型简化是指根据不同的应用需求，采用适当的算法减少该模型的面片数、边数和顶点数。

模型简化算法要求：①保证简化精度前提下尽可能地减少输出曲面的三角形数量；②给定输出曲面的三角形数量，尽可能减小输入、输出曲面之间的误差。

常用的简化方法包括以下两种。

(1) 拓扑结构保持和拓扑结构不保持模型简化方法

拓扑结构保持型算法又包括渐进网格法、区域合并方法等。拓扑结构不保持型简化（拓扑结构简化型）法具有较强的实用价值。由于该类方法结束条件少，所以模型简化程度高，主要用于在保持较高帧速率且视觉效果要求不太高的情况下。如顶点聚类法，该方法是用一个包围盒将原始模型包围起来，然后通过空间划分将包围盒分成若干个区域，落在同一个区域里的顶点合并成一个新顶点，再根据原始网格的拓扑关系对这些新顶点进行三角化，得到简化模型。其过程如图 4.7 所示。

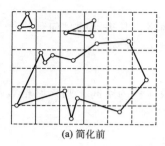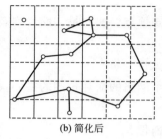

(a) 简化前   (b) 简化后

图 4.7   顶点聚类

（2）逐步求精法和几何元素删除法

逐步求精法是先建立原始模型的最粗略形式，然后根据一定的规则逐步增加细节，并重新进行局部三角化，直到近似模型达到用户满意的精度为止。该类方法应用的不是很多，主要用于均匀的网格（如高度场）。

几何元素删除法的过程正好与此相反，它是根据原始模型的几何拓扑信息，在保证一定误差的基础上删除相对不重要的"图元"，从而达到简化的目的，如图 4.8 所示。根据删除的元素不同，又可分为点删除法、边删除法和三角形删除法。

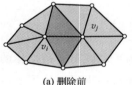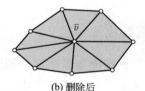

(a) 删除前   (b) 删除后

图 4.8   几何元素删除法

简化虽然能够降低三角形曲面的存储空间，提高处理速度，但是会损失掉曲面的许多细节信息。在一些精度要求较高的场合，这种数据损失是不允许的。因此，为了在保证精度的前提下能够更加有效地表示三角形曲面，需要对其进行压缩（通常称为几何压缩）。几何压缩是计算机图形学中一个新兴的研究方向，依据压缩结果是否保持了原始模型的拓扑结构，可将现有的方法分为不规则网格的几何压缩和重新网格化压缩两类。前者直接对原始网格进行压缩，而不对模型的复杂性、规则性和均匀性作出任何假设；后者则在压缩之前先对几何模型重新划分网格。另一种压缩是侧重于显示的，考虑的基础是当场景中许多面片在屏幕上的投影小于一个像素时，可以合并这些可见面而不损失画面的视觉效果，如层次细节显示技术。

多边形网格曲面需要解决的问题包括三角形曲面的产生、描述、遍历、简化和压缩等，本节只是对其进行了一个简要介绍，有兴趣的读者可以参考相关的参考书。在工业界，人们更偏向于使用四边形网格（Quad Mesh）而不是三角形网格，这是因为四边形网格的边更能反映物体表面的流线方向（Edge Flow），从而便于建模工具进行细节的生成和编辑。

4.5　细分曲面

4.5.1　细分曲面的概念

细分（Subdivision）曲面，又称为子分曲面，通过制作一个粗糙的控制网格，然后指定一个细分规则（如 Catmull-Clark 规则、Loop 规则），就可以自动将粗糙网格不断细化成任意光滑的曲面。好莱坞的皮克斯工作室（Pixar，现属于迪斯尼）的创始人之一 Edwin Catmull 就是细分曲面的主要发明者，因此 Pixar 的 3D 动画片大量采用了细分曲面来表现圆润平滑的形状边缘，如图 4.9 所示。

图 4.9　细分曲面可表现圆润平滑的细节

细分曲面造型方法是一种新颖的几何造型方法，已经成为了一种引人瞩目的全新的曲面造型技术，它不但具有多边形网格的拓扑任意性，还兼有参数曲面的几何连续性和一致性等优点，能够形象、逼真地构造出大脑皮层的褶皱、动画人物造型和自然界中的地形地貌等传统的 NURBS 曲面难以描述的复杂实体。

4.5.2　细分曲面的关键技术

（1）Doo-Sabin 细分算法

该算法是一种基于四边形的点分裂细分策略，仅使用一个权图就可以定义该策略。Doo-Sabin 算法实际上是从 Chaikin 快速曲线生成算法的思想推广而来的一种生成光滑曲面的方法，生成的曲面可以达到 C^1 连续。从细分规则可以看出，细分后顶点的度均为 4，非四边形的个数是细分前非四边形个数加顶点度不为 4 的顶点数，且在细分过程中，始终保持不变。此外，细分在极限情形时，某个原始多边形的细分极限趋向于该原始多边形的中心，所以极限曲面插值于多边形的中心，利用这个性质可以在产品设计中控制细分的极限曲面。Doo-Sabin 细分算法拓扑规则如图 4.10 所示。

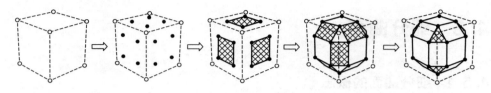

图 4.10   Doo-Sabin 细分算法拓扑规则

（2） Catmull-Clark （C-C） 细分算法

C-C 算法采用的是逼近型面分裂模式，是在双三次均匀样条曲面细分规则的基础上发展而来的。由于曲面次数的差异使 C-C 算法的细分规则比 Doo-Sabin 算法的要复杂一些。C-C 细分算法与双三次曲面的细分规则过程相似，大致为：需要生成对应于原控制网格中的每条边和每个面的边控制点和面控制点，这些顶点的位置则应通过计算得到，在完成以上步骤后连接所有的新控制点就可以得到一个进行一次细分后的控制网格。

（3） Loop 算法

Loop 算法采用逼近型面分裂模式，细分规则较简单，是目前应用最广泛的细分算法之一。Loop 算法生成的极限曲面在奇异点处可达到 C^1 连续，在非奇异点处可达到 C^2 连续。计算原网格中每条边的 E-顶点，计算每个点的新 V-顶点，然后连接新的顶点得到新的控制网格，这就是规则三角样条曲面细分的一次细分过程，具体如图 4.11 所示。

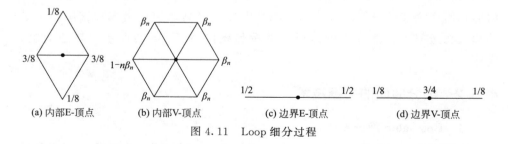

图 4.11   Loop 细分过程

以四棱锥为例，图 4.12(a) 中黑色实心圆点为初始控制顶点，进行一次细分后的结果如图 4.12(b) 所示，其中新控制顶点是用空心圆点表示的。通过图可以直观地看到，将一个三角形分为四个的过程其实就是细分。

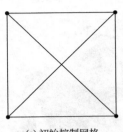

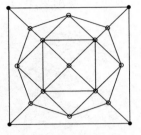

(a) 初始控制网格　　　　　　(b) 一次Loop细分模型

图 4.12　Loop 细分算法

4.5.3　细分曲面的应用

近年来，随着计算机软硬件技术的迅猛发展，细分理论研究不断深入，细分曲面凭借其不受控制网格拓扑结构限制的强大的曲面造型能力而受到越来越多的关注，并得到了广泛的应用，如 CAGD 中的曲面造型、多分辨率分析以及计算机动画、科学计算可视化、数值计算以及医学图像处理等，具体如下所述。

（1）多分辨率显示

分辨率是指在建模过程中模型描述真实世界的精确和详细程度，也称为粒度。细分曲面显然具有多分辨率的性质。多分辨率分析的基本思想是把信号表示成低分辨率信号，同时生成一些能在不同尺度上反映该信号的细节。当渲染一个复杂模型时，其完整的细节往往超过了人类视觉所能分辨的水平，如能再结合小波表示，依据不同的细节水平对细分曲面进行显示将能极大地优化显示速度。多分辨率模型支持物体表面从粗糙到细致的各个层次的模型重构。基于细分的多分辨率分析是把网格曲面看作是某一细分方法进行若干次细分后得到的结果，那么该庞大的网格曲面就可以用一个简单的初始网格和若干细分规则来表示。在多分辨率模型上可以根据需要在不同分辨率的控制网格上对控制顶点进行修改，能够在局部修改曲面形状和全局修改曲面形状之间进行折中选择，从而达到不同的形状效果，这种曲面修改方式称为细分曲面多分辨率编辑。与计算机网络相结合将是基于细分的多分辨率曲面的一个重要研究方向。

（2）动画影视

在三维动画造型领域，细分曲面已经获得了成功的应用，其标志是 1998 年荣获奥斯卡大奖的动画片"Geri's Game"，该动画的曲面制作者 De Rose 成功应用了 C-C 细分曲面的特征造型方法，构造了关于细分曲面的光滑因子场方法。利用该方法形象逼真地表现了一个名叫 Geri 的老头的头壳、手指和衣服，包括夹克衫、裤子、领带和鞋等，如图 4.13 所示。此后，细分曲面在动画领域获得了巨大的成果，例如，"总动员系列"等都离不开细分技术的支持。

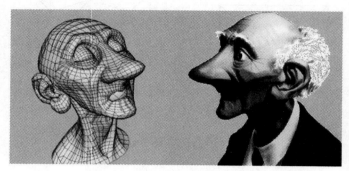

图 4.13　细分曲面三维动画造型

在传统的动画设计中，多采用 NURBS 等参数曲面，表示人物时需要由多片曲面拼成，因此需要求解复杂的相容关系。当人物运动时，原来的相容条件被破坏，需要重新求解相容条件或者采用大量手工操作以消除面片之间的缝隙。此外，为了拼接方便还需要经常对曲面片进行剪裁，剪裁操作代价相当高且易导致数值误差。这显然需要花费巨大的计算代价，而且在各剪裁和拼接处较难实现光滑过渡，这也是该方法很难在复杂模型设计中得到广泛应用的原因之一。

对细分曲面来说，不存在这样的问题。细分曲面的主要优点就是适用于任意形状复杂拓扑关系网格，不需要剪裁；曲面的光滑性也由细分模式的极限性质自动保证，而且能在不同细分规则下实现不同的连续性和光滑性。所以，细分曲面造型技术已经广泛应用在各类动画设计领域中。当前许多商业的三维造型软件，如 Maya、Soft Image、3D Max、Light Wave 等，都已经包含了细分曲面造型模块。

（3）游戏场景

游戏是各种显卡性能和图形学算法的主要检验工具，由于其对实时渲染的要求较高，所以细分曲面因其数值稳定、实现简单等优点而得到了实际的应用。由于游戏对显示速度要求比较高，因此游戏的几何引擎采用何种曲面表示非常重要，细分曲面以其绝对优势成为首选。首先，Loop 细分曲面不但显示速度快，而且显示质量非常高，还不需要使用高速缓存。其次，如果数据量很大，就需要维护一个庞大的数据结构以保存邻接信息，还要不断地随机读取内存，这对于只有很少几何处理器指令的控制台来讲是不现实的，而用细分曲面和显式的三角网格模型表示同样的光顺曲面，细分曲面占用的内存资源要少得多，细分曲面使用前后的游戏场景对比如图 4.14 所示。

图 4.14　细分曲面使用前后的游戏场景对比

（4）医学图像处理

细分方法在医学图像处理中主要是用于医学图像重构，直接得到等值面的具有细分连通性的三角网格。Qin Hong 等人提出将动态细分曲面造型方法用于医学图像重建与受力变形模拟。首先从三维核磁共振切片数据拟合小脑的 Catmull-Clark 细分曲面初始控制网格，然后建立拉格朗日动态力学模型，在此模型的适当部位施加外力，通过计算模拟出不同外力下的脑组织的变形结果。该方法结合了细分方法对任意拓扑结构形体建模的灵活性与直观交互动态模拟曲面变形的两方面优点。Kaihuai Qin 也研究了类似的其他医学组织的细分曲面图像重建和模拟方法。

（5）工程曲面造型

由于工程曲面造型要求模型具有较高的几何精度、连续性和可控性，因此，该领域的应用才刚刚起步，且目前多集中于逆向工程领域，主要技术包括插值和逼近、布尔运算以及参数曲面造型等。

在 CAD 领域中，常通过插值和逼近手段建立目标曲面。

在细分曲面插值方面，已有的细分曲面插值方法可以分为两类：①构造新的细分规则或修改已有的几何规则，使细分曲面经过初始控制网格的部分或全部顶点；②利用已有细分方法，通过构造适当的初始控制网格使细分曲面满足插值条件。虽然插值型细分曲面（如蝶形细分）具有天生的插值能力，但是插值细分曲面的光顺性并不理想。

在细分曲面逼近方面，多数细分曲面逼近方法与多分辨率分析方法类似，其局限性是初始控制网格的生成还不能做到完全自动化。

为了与实体造型系统相融合，细分曲面的求交和裁剪一直是有待于解决的难题。仿造参数曲面的离散求交方法，只能获得近似的细分曲面交线。由于传统细分方法起源于均匀样条，所以无法精确表示工业设计中常用的旋转曲面和二次曲面。

本章习题

1. Bezier 曲线的性质有哪些？
2. 参数化曲线与非参数化曲线的异同？
3. 参考相关资料，基于 OpenGL 验证 Bezier 曲线曲面绘制算法。

## 第 5 章

仿射变换

以不同的方式观察物体，看到的画面是不一样的。在此，将看到的画面称为视图。视图不仅与物体的大小形状有关，还与观察者眼睛的位置、方向有关。不同的视图是通过仿射变换实现的，所谓仿射变换（Affine Transformation）是一种坐标之间的线性变换，具有平直性、平行性，是计算机图形学的基石，同时也是 OpenGL 的中心内容。

图 5.1 展示了一个房子模型变换前后的两个版本。图 5.1(a) 展示的是一个二维例子，房子模型尺寸放大了，并且旋转了一个小角度，同时向左下移动了一段距离。整个变换是 3 种以上基本变换的组合：旋转、缩放和平移。图 5.1(b) 展示了一个三维房子模型做相似变换前后的例子，三维模型上面每一个点都经过了缩放、旋转和平移。

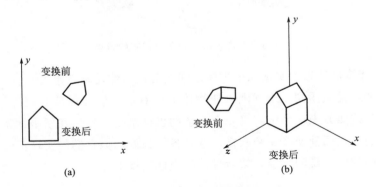

图 5.1　物体变换前和变换后的图像

变换的重要性：

① 通过变换可以用很少的物体组成一个场景，如图 5.2 所示。每一个拱形在自己的坐标系下只需要被设计一次，然后就可以通过适当的变换在场景中放置很多大小位置不同的拱形。

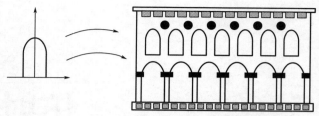

图 5.2   简单实例重复组成的图像

② 一些物体表现出对称性，如图 5.3 所示的雪花。设计一个基本的图案，然后经过反射、旋转和平移组合出整个雪花图形。

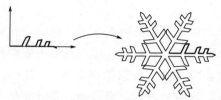

图 5.3   一个基本图案及其构成的图形

③ 可以通过移动摄像机到不同的方位对物体进行不同角度的观察，改变摄像机的方位可以通过仿射变换实现，如图 5.4 所示。

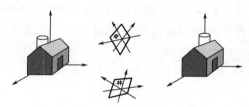

图 5.4   场景从不同角度观察的效果

④ 在计算机动画中实现几个物体之间相对运动的动画效果。

物体变换是使用同一个规则改变物体上所有点，但是保证底层坐标系不变；坐标变换是按照原坐标系统定义一个全新的坐标系统，然后在新坐标系下表示物体上所有的点。两种变换紧密联系，各有各的长处，但它们的实现不一样。下面先介绍一些物体变换的思想，然后过渡到坐标变换上。

5.1 三维图形的显示流程

5.1.1 基本原理

前面几章绘图使用的是屏幕窗口的基础坐标系，它本质上是以像素为单位，屏

幕坐标在 x 方向上从 0（屏幕左边）延伸到 screenWidth-1，y 方向上从 0（通常是屏幕上方）延伸到 screenHeight-1。这意味着只能使用非负的 x 和 y，并且如果要绘制一个大小合适的图片，这些数值需要被扩大到一个比较大的范围（几百个像素）。

程序中用于描述对象几何信息的数值属于建模的任务，表示对象在屏幕中大小和位置的数值属于观察（Viewing）的任务。

坐标系是建立图形与数之间对应联系的参考系，在计算机图形学中，从物体（场景）的建模到不同显示设备上显示、处理图形会使用一系列坐标系。

描述对象的空间称为世界坐标系（场景中的物体在实际世界中的坐标）。在一个合适的单位下，它就是数学中常用的笛卡儿 xy 坐标系。

建模坐标系（局部坐标系）独立于世界坐标系，用来定义物体的几何特性。

观察坐标系是依据观察窗口的方向和形状在世界坐标系中定义的坐标系，主要用于从观察者的角度对整个世界坐标系内的对象进行重新定位和描述，适合于指定图形的输出范围。二维观察变换的一般方法是在世界坐标系中指定一个观察坐标系统，以该系统为参考通过选定方向和位置来制定矩形裁剪窗口。

设备坐标系指适合特定设备输出对象的坐标系，如屏幕坐标系，设备坐标是整数。

规范化坐标系独立于设备，能容易地转变为设备坐标系，是一个中间坐标系。为了使图形软件能在不同设备之间移植，采用规范化坐标，坐标轴取值范围是 0～1。

图 5.5 为三维物体在计算机显示器上显示的过程。视点确定了三维物体的方

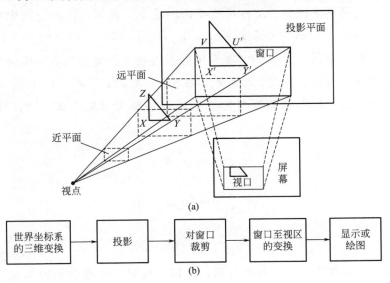

图 5.5　三维图形显示流程

位，投影变换将三维物体变换为投影平面上的二维图形，其中，二维投影图形中要显示的区域称为窗口，即位于窗口内的部分需要被绘制显示，而窗口外的部分被裁减并不被绘制。窗口映射到显示器（设备）上的区域称为视区。窗口定义显示的内容，而视口定义显示的位置。当窗口中所有对象都被绘制时，对象在窗口中的部分会被自动映射到视口中，即像素在显示器上的坐标。通过设置一个窗口和一个视区，并在它们之间建立一个合适的映射，这样可以完成适当的缩放和平移。窗口和视区都是由程序员指定的对齐的矩形。由图可知，在世界窗口中的东西会被缩放和平移，以显示在视区中，其余的都被裁减而不显示出来。

5.1.2　OpenGL 的视景转换

在 OpenGL 中，在三维空间合适的位置布置模型，选择一个有利的观察点，然后才能看到一幅视觉效果良好且逼真的三维图像。这就是通过 OpenGL 的视景转换，包括视点转换、模型转换、投影转换和视口转换，来实现的。

运用相机模拟的方式可以比较通俗地讲解三维图形显示的基本过程。

① 支起三脚架，把照相机放在场景中，相当于 OpenGL 的视点转换。

② 安置所拍摄物体在场景中的位置，相当于 OpenGL 中的模型转换。

③ 选择相机镜头或调节焦距，相当于 OpenGL 的投影转换。

④ 确定照片大小，可以放大照片的某一部分，相当于 OpenGL 的视口变换。

(1) 视点转换

视点转换是在观察坐标系中进行的。在 OpenGL 中，观察坐标系采用的是右手系，这是同其他许多图形标准所不同的地方。假如在三维空间中给定视点 $\boldsymbol{E}=[E_x,E_y,E_z]^{\mathrm{T}}$、视中心点 $\boldsymbol{L}=[L_x,L_y,L_z]^{\mathrm{T}}$ 和一个向上的方向 $\boldsymbol{U}=[U_x,U_y,U_z]^{\mathrm{T}}$（$\boldsymbol{U}$ 不平行于 $\boldsymbol{E}-\boldsymbol{L}$）。观察坐标系以视点为坐标原点，面向视中心的方向为 z 轴的负方向。因此，令：$\boldsymbol{Z}_e=\boldsymbol{E}-\boldsymbol{L}$，$\boldsymbol{X}_e=\boldsymbol{U}\times\boldsymbol{Z}_e$，$\boldsymbol{Y}_e=\boldsymbol{Z}_e\times\boldsymbol{X}_e$。将它们单位化，就可以得到观察坐标系的坐标系框架（$\boldsymbol{X}_e/|\boldsymbol{X}_e|$，$\boldsymbol{Y}_e/|\boldsymbol{Y}_e|$，$\boldsymbol{Z}_e/|\boldsymbol{Z}_e|$，$\boldsymbol{E}$）。令

$$\boldsymbol{u}=\frac{X_e}{|X_e|}=[u_x u_y u_z 0]^{\mathrm{T}}$$

$$\boldsymbol{v}=\frac{Y_e}{|Y_e|}=[v_x v_y v_z 0]^{\mathrm{T}}$$

$$\boldsymbol{n}=\frac{Z_e}{|Z_e|}=[n_x n_y n_z 0]^{\mathrm{T}}$$

从世界坐标系变换到观察坐标系，可以看成是由平移和旋转构成的组合变换，由此得到观察矩阵：

$$V=\begin{bmatrix} u_x & u_y & u_z & d_x \\ v_x & v_y & v_z & d_y \\ n_x & n_y & n_z & d_z \\ 0 & 0 & 0 & 1 \end{bmatrix},$$

其中，$d_x=-\boldsymbol{u}\cdot\boldsymbol{e}$，$d_y=-\boldsymbol{v}\cdot\boldsymbol{e}$，$d_z=-\boldsymbol{n}\cdot\boldsymbol{e}$，$\boldsymbol{e}=\begin{bmatrix} \boldsymbol{E}_x & \boldsymbol{E}_y & \boldsymbol{E}_z & 1 \end{bmatrix}^{\mathrm{T}}$。这里，$\boldsymbol{u}$、$\boldsymbol{v}$ 和 $\boldsymbol{n}$ 都是齐次坐标，所以，视点 $\boldsymbol{E}$ 也要用齐次坐标 $\boldsymbol{e}$ 表示。

缺省时，相机（即视点）同场景中的物体都定位坐标系原点处，而且相机初始方向指向 $-Z$ 轴。所以模型转换与视点转换具有对偶性，二者共同构成模型视景矩阵。

(2) 模型转换

模型转换是在世界坐标系中进行的。模型转换就是对模型进行平移、旋转和缩放操作，以此来确定模型在场景中的位置和方向。

(3) 投影变换

要将 3D 物体显示到 2D 的屏幕上，就要利用投影来降低其维数。在 Open-GL 中有两种投影方式：透视投影和正视投影（如图 5.6 所示）。可以通过 void glMatrixMode（GLenum mode）来设置投影模式，Mode 的取值为 GL _ MOD-ELVIEW、GL _ PROJECTION 或 GL _ TEXTURE。

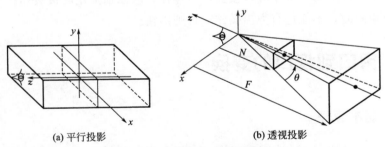

(a) 平行投影　　　　(b) 透视投影

图 5.6　观察体与观察坐标系

(4) 视口变换

视口变换就是将视景体内投影的物体显示在二维的视口平面上。通常，通过调用函数 glViewport（）来定义一个视口，这个过程类似于将照片放大或缩小。具体原理和过程将在 5.2 节进行介绍。

(5) 裁剪变换

在 OpenGL 中，除了视景体定义的六个裁剪平面（上、下、左、右、前、后）外，还定义一个或多个附加裁剪平面，以去掉场景中无关的目标，如图 5.7 所示。

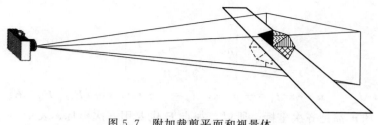

图 5.7　附加裁剪平面和视景体

（6）矩阵堆栈

一般说来，矩阵堆栈常用于构造具有继承性的模型，即由一些简单目标构成的复杂模型。矩阵堆栈对复杂模型运动过程中的多个变换操作之间的联系与独立十分有利。因为所有矩阵操作函数，如 glLoadMatrix（）、glMultMatrix（）、glLoadIdentity()等，只处理当前矩阵或堆栈顶部矩阵，这样堆栈中下面的其他矩阵就不受影响。堆栈操作函数有以下两个：

void glPushMatrix(void)；

void glPopMatrix(void)。

第一个函数表示将所有矩阵依次压入堆栈中，顶部矩阵是第二个矩阵的备份；压入的矩阵数不能太多，否则出错。第二个函数表示弹出堆栈顶部的矩阵，令原第二个矩阵成为顶部矩阵，接受当前操作，故原顶部矩阵被破坏；当堆栈中仅存一个矩阵时，不能进行弹出操作，否则出错。

5.2　窗口到视口的变换

5.2.1　基本原理

窗口到视口的变换称为观察变换。窗口和视口的转换就是使用缩放和平移，从而让窗口中的物体适应它们在视口中的最终尺寸和位置。以此为基础，实现对目标物体尺寸、方向和位置的灵活控制。

如图 5.8 所示，世界窗口由它的左、上、右、下边界描述，分别是 $w.l$、$w.t$、$w.r$ 和 $w.b$。视区在屏幕窗口坐标系中（从屏幕的某个位置展开），使用 $v.l$、$v.t$、$v.r$ 和 $v.b$ 表示，单位是像素。

窗口是对齐的矩形，可以有任意大小且可以出现在任何位置。类似地，视口也可以是任意对齐的矩形，虽然它常被选成完全位于屏幕窗口内。此外，世界窗口和视口并不需要有同样的纵横比，当然不同的纵横比会带来图像的变形。

给定窗口和视口的描述，可以得到一个映射或变换，即窗口到视口的映射。

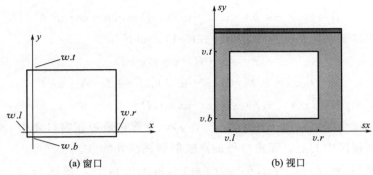

(a) 窗口　　　　　　　　　　　(b) 视口

图 5.8　窗口和视口

设一个在世界坐标下的点（x，y）对应于屏幕坐标系中的一个点（sx，sy），为保持成比例的性质，该观察变换映射方程如下：

$$\begin{cases} sx = A * x + C \\ sy = B * y + D \end{cases}$$

其中，A、B、C、D 是常数，A、B 缩放 x 坐标和 y 坐标，而 C、D 平移 x 坐标和 y 坐标。

如何确定 A、B、C、D 呢？首先考虑 x 的映射。如图 5.9 所示，保持比例的性质说明 sx-$v.l$ 与视区宽度 $v.r$-$v.l$ 的比例必须等于 x-$w.l$ 与窗口宽度 $w.r$-$w.l$ 的比例。

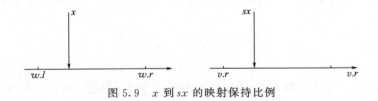

图 5.9　x 到 sx 的映射保持比例

基本上，如果该点位于视区的中间，那么也必须位于窗口的中间，并且对于其他比例也是类似的。所以

$$\frac{sx - v.l}{v.r - v.l} = \frac{x - w.l}{w.r - w.l}$$

经过一些代数变换后，获得：

$$sx = [(v.r - v.l)/(w.r - w.l)]x + \{v.l - [(v.r - v.l)/(w.r - w.l)]\}w.l$$

现在，把 A 看作放大 x 的部分，而 C 看作常数，得到：

$$A = (v.r - v.l)/(w.r - w.l), C = v.l - A \cdot w.l$$

类似的，y 方向上的保持比例性质规定：

$$(sy - v.b)/(v.t - v.b) = (y - w.b)/(w.t - w.b)$$

把 sy 写成 $By+D$，得到：

$$B=(v.t-v.b)/(w.t-w.b),D=v.b-B\cdot w.b$$

现将窗口到视区的变换总结为公式(5-1)，如下

$$sx=Ax+C,sy=By+D \qquad (5-1)$$

$$A=(v.r-v.l)/(w.r-w.l),C=v.l-A\cdot w.l$$

$$B=(v.t-v.b)/(w.t-w.b),D=v.b-B\cdot w.b$$

注意：这个映射可用于任意点（x，y），不管它是否在窗口之中。在窗口中的点映射到视区中的点，而窗口外的点映射到视区外的点。

设某窗口 $(w.l,w.r,w.b,w.t)=(0,2.0,0.1,0)$，视区 $(v.l,v.r,v.b,v.t)=(40,400,60,300)$，如图 5.10 所示。

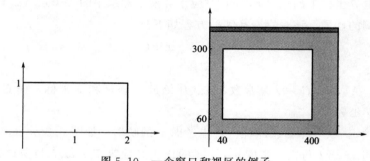

图 5.10   一个窗口和视区的例子

由式(5-1)得到：$A=180$，$C=40$，$B=240$，$D=60$。所以，窗口到视口的映射是：

$$sx=180x+40$$

$$sy=240y+60$$

检查每一个窗口的角点是否都被映射到了视区对应的角点。例如，（2.0，1.0）映射到了（400，300）。窗口的中心（1.0，0.5）被映射到了视口的中心（220，180）。

5.2.2   OpenGL 中的视口变换

OpenGL 通过一系列变换完成所需要的映射后自动传送到给定的每一个顶点［通过 glVertex2 * ()命令］，且自动剪裁掉对象在世界窗口之外的部分。程序员所需要做的工作只是正确地设置这些变换，其余的工作都由 OpenGL 完成。

对于二维绘图来说，世界窗口由函数 gluOrtho2D()设定，其原型是：

void gluOrtho2D(GLdouble left，GLdouble right，GLdouble button，GLdouble top）；

对于三维的情况，有另外两个参数需要设定，这里先不考虑。

视区通过 **glViewport** 函数设定，其原型是：

void glViewport（GLint x,GLint y,GLint width,GLint ehight）；

它设置视区的左下角以及宽度和高度。

因为 OpenGL 通过矩阵来完成所有的变换，因此 gluOrtho2D() 的调用必须在 glMatrixModel（GL_PROJECTION) 和 glLoadldentity() 这两个函数之后。因此，建立窗口和视区的代码：

```
glMatrixModel(GL_PROJECTION);
glLoadIdentity();
gluOrtho2D(0.0,2.0,0.0,1.0);       //设置窗口
glViewport(40,60,360,240);        //设置视区
```

每一个使用 glVertex2 * (x,y) 发送给 OpenGL 的点，均会进行式(5-1) 的映射，并且在窗口的边界处被自动裁剪掉边缘。

在某 OpenGL 程序中设置窗口和视口的方法如下。

在 main 函数中：

```
glutInitWindowSize(640,480);      //设置窗口大小
```

它设置屏幕窗口的大小是 640×480。因为没有使用 glViewport 的命令，默认的视口就是整个屏幕窗口。

在 myInit() 中：

```
glMatrixModel(GL_PROJECTION);
glLoadIdentity();
gluOrtho2D(0.0,640.0,0.0,480.0);
```

这些函数将世界窗口设置为对齐的矩形，其两个角的坐标是（0，0）和（640.0，480.0），正好与视口的大小相等。所以这里的窗口到视口是没有任何改变的，较适合作为入门的首选。

案例：应用 OpenGL 实现信号处理中 sinc 函数的绘制，它的定义是

$$\mathrm{sinc}(x)=\frac{\sin(\pi x)}{\pi x} \quad 当\ x \neq 0\ 且\ \mathrm{sinc}(0)=1 \tag{5-2}$$

假设已知 x 在 $-\infty$ 到 $+\infty$ 间变化，而 $\mathrm{sinc}(x)$ 的值在 $-1 \sim 1$ 之间变化，并且对 x 在 0 附近的值特别感兴趣。所以想画一条中心在（0，1）附近的曲线，并且展示当在很小范围内（比如 $-4.0 \sim 4.0$ 之间）变化时的 $\mathrm{sinc}(x)$。注意：sinc 不能直接在 $x=0$ 处计算，因为那会导致除数为 0 的错误，因此，需要先判断 x 是否为 0。

上述功能源代码如下：

```
# include<windows. h>
# include<iostream. h>
# include<math. h>
# include<gl/GL. h>
# include<gl/GLU. h>
# include<gl/GLUT. h>
const float pi= 3. 14159265358979;    //用这个常量近似 pi
void setWindow(GLdouble left,GLdouble right,GLdouble bottom,GLdouble top)
//设置窗口
{
    //定义自己的函数设置窗口
    glMatrixMode( GL_PROJECTION);
    glLoadIdentity();
    gluOrtho2D(left,right,bottom,top);
}
void setViewport(GLint left,GLint right,GLint bottom,GLint top)   //设置视区
{   //定义自己的函数设置视口
glViewport(left,bottom,right-left,top-bottom);
}
void myDisplay(void)      //用世界坐标绘制 sinc 函数
{
glClear(GL_COLOR_BUFFER_BIT);
glMatrixMode(GL_MODELVIEW);
glLoadIdentity();
glBegin(GL_LINE_STRIP);
/ * 自动使用定义好的窗口和视区,正确的裁剪和映射 * /
for(float x=－4. 0;x< 4. 0;x+＝0. 1)      //绘制图像
{
if(x==0. 0)
glVertex2f(0. 0,1. 0);
else
glVertex2f(x,sin(pi * x)/(pi * x));
}
glEnd();
glFlush();
}
```

```
//—amyInit—a
void myInit(void)
{
glClearColor(1.0,1.0,1.0,0.0);  //白色背景
glColor3f(0.0f,0.0f,1.0f);    //蓝色线条
glLineWidth(2.0);     //线宽
}
//—主函数——
void main(int argc,char * * argv)
{
glutInit(&argc,argv);
glutInitDisplayMode(GLUT_SINGLE|GLUT_RGB);
glutInitWindowSize(640,480);
glutInitWindowPosition(100,150);
glutCreateWindow("The Famous Sinc Function");
glutDisplayFunc(myDisplay);
myInit();
setWindow(-5.0,5.0,-0.3,1.0);/ * 调用函数设置窗口 * /
setViewport(0,640,0,480);/ * 调用函数设置视区 * /
glutMainLoop();
}
```

运行结果如图 5.11。

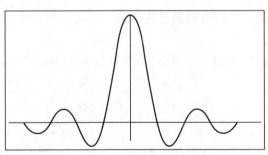

图 5.11　sinc 函数执行结果的截图

5.3　物体的二维仿射变换

图形变换是在保持图形的原拓扑关系不变的情况下改变图形顶点的坐标。齐次坐标便于进行矩阵运算，在变换中应用广泛。在进行变换之前，先了解一下齐次坐标。

齐次坐标表示法是用 $n+1$ 维向量表示 n 维向量的方法。例如，在二维平面内，可以用坐标值或向量 $(x，y，1)$ 来表示一个点 $(x，y)$ 在平面内的确切位置。

5.3.1 点的变换

一个变换 $T()$ 将空间中（二维或者三维）一点 P 按照某一指定的等式或算法变为一个新的点 Q，记作 $Q=T(P)$。如图 5.12 所示，平面上任意一点 P 被映射到 Q 点，称 Q 是 P 在映射函数 T 下的像。图 5.12(a) 表示了在二维平面上点 P 被映射到一个新的点 Q；图 5.12(b) 表示了在三维空间中一点 P 被映射到一个新的点 Q。

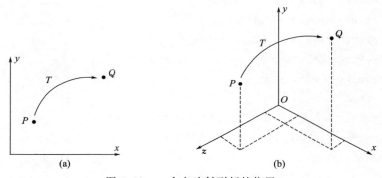

图 5.12 一个点映射到新的位置

变换一个物体是通过变换物体上各个点实现的，直线 L 在 T 下的像是由 L 上所有点的像组成的。大部分映射是连续的，因此一条直线的像仍然是某种形状的连续曲线。

在二维情况下，P 和 Q 用齐次坐标 $\widetilde{P}$ 和 $\widetilde{Q}$ 表示为：

$$\widetilde{P}=\begin{bmatrix}P_x\\P_y\\1\end{bmatrix} \qquad \widetilde{Q}=\begin{bmatrix}Q_x\\Q_y\\1\end{bmatrix}$$

点 $\widetilde{P}$ 的位置为 $\widetilde{P}=P_x i+P_y j+\phi$，$\widetilde{Q}$ 同理。P_x 和 P_y 是 $\widetilde{P}$ 的齐次坐标分量。现在要从原点移动到 $\widetilde{P}$ 点，就要沿着 i 轴移动距离 P_x，沿着 j 轴移动距离 P_y。

假设一个点 $\widetilde{P}$ 经过变换 T 得到点 $\widetilde{Q}$，可以表示为：

$$\begin{bmatrix}Q_x\\Q_y\\1\end{bmatrix}=T\begin{bmatrix}P_x\\P_y\\1\end{bmatrix}$$

简记为：

$$\widetilde{Q} = T(\widetilde{P})$$

函数 $T()$ 可能会很复杂，比如：

$$\begin{bmatrix} Q_x \\ Q_y \\ 1 \end{bmatrix} = \begin{bmatrix} \cos(P_x)\mathrm{e}^{-P_x} \\ \dfrac{\ln(P_y)}{1+P_x^2} \\ 1 \end{bmatrix}$$

因此 Q_x 和 Q_y 都是 P_x 和 P_y 的复杂组合。这些变换或许会产生有趣的几何效果，但是仿射变换应局限于一些简单的函数，它们都是 P_x 和 P_y 的线性函数。

仿射变换是计算机图形学中最普通的一种变换，可以很容易地对物体实施缩放、旋转和平移操作。一系列仿射变换可以组合成一个单一的仿射变换，且仿射变换可以用一个紧凑的矩阵表示出来。

例如，点 P 通过变换得到的点 $\widetilde{Q}$ 可以写成：

$$\begin{bmatrix} Q_x \\ Q_y \\ 1 \end{bmatrix} = \begin{bmatrix} m_{11}P_x + m_{12}P_y + m_{13} \\ m_{21}P_x + m_{22}P_y + m_{23} \\ 1 \end{bmatrix} \tag{5-3}$$

上述变换的矩阵形式为

$$\begin{bmatrix} Q_x \\ Q_y \\ 1 \end{bmatrix} = \begin{bmatrix} m_{12} & m_{12} & m_{13} \\ m_{21} & m_{22} & m_{23} \\ 0 & 0 & 1 \end{bmatrix} \begin{bmatrix} P_x \\ P_y \\ 1 \end{bmatrix}$$ 或者 $\widetilde{Q} = \widetilde{M}\widetilde{P}$（显式表达形式）。

其中有 6 个给定的常量 m_{11}、m_{12}、m_{13}、m_{21}、m_{22}、m_{23}。Q_x 的坐标包含 P_x 和 P_y，Q_y 也是如此。这种在 x 和 y 分量之间的交叉作用会带来旋转和剪切的效果。

在实际应用中，矩阵的第三行经常都是 $(0,0,1)$。

案例：使用矩阵表示一个仿射变换 $\begin{bmatrix} 3 & 0 & 5 \\ -2 & 1 & 2 \\ 0 & 0 & 1 \end{bmatrix}$，计算 $P=(1,2,1)$ 的像 Q。

解：

$$Q = \begin{bmatrix} 8 \\ 2 \\ 1 \end{bmatrix} = \begin{bmatrix} 3 & 0 & 5 \\ -2 & 1 & 2 \\ 0 & 0 & 1 \end{bmatrix} \begin{bmatrix} 1 \\ 2 \\ 1 \end{bmatrix}$$

直接用 P 和矩阵相乘，请留意，正如所期望的那样，Q 是一个点。

5.3.2　二维图形的仿射变换

(1) 平移变换

平移操作的一个关键性质，反映在数学上是点 P 移动的距离和 P 点当前位置无关。将 P 点沿着 x 方向平移距离 a，沿着 y 方向平移距离 b，获得的点 Q 可用式(5-4) 的矩阵表示

$$\begin{bmatrix} Q_x \\ Q_y \\ 1 \end{bmatrix} = \begin{bmatrix} 1 & 0 & a \\ 0 & 1 & b \\ 0 & 0 & 1 \end{bmatrix} \begin{bmatrix} P_x \\ P_y \\ 1 \end{bmatrix} = \begin{bmatrix} P_x + a \\ P_y + b \\ 1 \end{bmatrix} \tag{5-4}$$

例如，如果 a 是 2，b 是 3，那么每一个点将会平移到原来位置向右两个单位、向上三个单位的位置。例如点 $(1，-5)$ 会变换到 $(3，-2)$，点 $(0，0)$ 会变换到 $(2，3)$。请注意，如果将这个矩阵应用到一个向量（它的第三个坐标是 0），平移会没有任何效果。

(2) 比例变换

比例缩放能够改变一个图像的大小，它包含两个缩放因子 S_x 和 S_y，分别对应 x 轴和 y 轴。表示如下：

$$\begin{bmatrix} Q_x \\ Q_y \\ 1 \end{bmatrix} = \begin{bmatrix} S_x & 0 & 0 \\ 0 & S_y & 0 \\ 0 & 0 & 1 \end{bmatrix} \begin{bmatrix} P_x \\ P_y \\ 1 \end{bmatrix} = \begin{bmatrix} S_x P_x \\ S_y P_y \\ 1 \end{bmatrix} \tag{5-5}$$

这里的缩放是关于原点的缩放，因为点 P 是从原点沿着 x 轴移动 S_x 倍，沿着 y 轴移动 S_y 倍。如果缩放因子是负数，那么就会有一个沿某一轴的反射。如图 5.13 所示，将缩放因子 $(S_x，S_y)=(-1,2)$ 应用到一个点集，每一个点是关于 y 轴的反射，并且放大 2 倍。也有纯粹的反射，其缩放因子是 +1 或者 -1，如 $T(P_x，P_y)=(-P_x，P_y)$。它通过用 $-P_x$ 代替 P_x，使得图像沿着 y 轴垂直折叠过去。

如果两个缩放因子一样，即 $S_x=S_y=S$，那么此变换叫做均匀变换，或者叫做关于原点的放大，放大系数是 $|S|$。如果 S 是负数，那么变换就是关于两个轴的反射。一个点从原点向外移 $|S|$ 倍远的距离，如果 $|S|<1$，那么该点会靠近原点，变得缩小。如果缩放因子不一样，那么变换叫做非均匀缩放。

(3) 旋转变换

旋转操作就是图形绕着某一点旋转一定的角度。图 5.14 展示了一个点集绕着原点旋转了一个角度 $\theta=60°$。

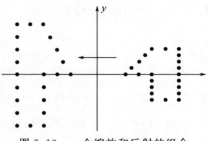

图 5.13　一个缩放和反射的组合

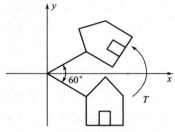

图 5.14　将一个点集旋转 60°

当 $T()$ 表示绕原点的旋转矩阵时，表示为：

$$\begin{bmatrix} \cos\theta & -\sin\theta & 0 \\ \sin\theta & \cos\theta & 0 \\ 0 & 0 & 1 \end{bmatrix} \tag{5-6}$$

如果旋转角度 θ 是一个正值，那么旋转方向是逆时针（CCW）的。

例如：找出 $P(3,5)$ 点绕原点旋转 60°之后的点 Q。

解：60°实际上是 1.047 弧度，$\cos\theta = 0.5$，$\sin\theta = 0.866$。等式（5-6）变为 $Q_x = 3 \times 0.5 - 5 \times 0.866 = -2.83$，$Q_y = 3 \times 0.866 + 5 \times 0.5 = 5.098$。可以使用画图工具从（3，5）旋转 60°，得到映射后的点的位置。同样可以检查 Q 和 P 到原点的距离是一样的。

矩阵计算如下：

$$\begin{bmatrix} Q_x \\ Q_y \\ 1 \end{bmatrix} = \begin{bmatrix} \cos\theta & -\sin\theta & 0 \\ \sin\theta & \cos\theta & 0 \\ 0 & 0 & 1 \end{bmatrix} \begin{bmatrix} 3 \\ 5 \\ 1 \end{bmatrix} = \begin{bmatrix} -2.83 \\ 5.098 \\ 1 \end{bmatrix}$$

(4) 错切变换

一个在 x 方向上或者是沿着 x 方向的错切操作如图 5.15 所示。在这个例子

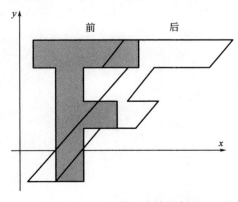

图 5.15　一个错切变换的例子

中，每一点的 y 坐标不受影响，而 x 坐标平移一个 y 坐标的线性量。

一个在 x 方向上的剪切表示成：

$$Q_x = P_x + hP_y$$
$$Q_y = P_y$$

系数 h 表示 P 点的 y 坐标有多少被加到了 x 坐标上。h 可正可负。也可以在 y 轴上面进行错切变换，这种情况下对于 g 有 $Q_x = P_x$ 和 $Q_y = gP_x + P_y$。错切变换矩阵表示为：

$$\begin{bmatrix} Q_x \\ Q_y \\ 1 \end{bmatrix} = \begin{bmatrix} 1 & h & 0 \\ g & 1 & 0 \\ 0 & 0 & 1 \end{bmatrix} \begin{bmatrix} P_x \\ P_y \\ 1 \end{bmatrix} = \begin{bmatrix} P_x + hP_y \\ gP_x + P_y \\ 1 \end{bmatrix} \tag{5-7}$$

值得注意的是，错切变换的一个性质是它的矩阵行列式是 1，这保证了图形的面积不变。

5.3.3　仿射变换的逆变换

去除变换 T 得到原来的点，这个变换就叫做逆变换，记作 T^{-1}。仿射变换的逆变换也是仿射变换，它的矩阵是原仿射变换矩阵的逆矩阵。如果一个矩阵的行列式不为 0，那么它的逆矩阵一定存在。

假设仿射变换 T 和矩阵 M 相关联，对点 P 实施变换 T 就可以得到点 Q。因此 $Q = T(P)$ 或者 $Q = MP$。假设点是矩阵的一列，对 Q 使用逆变换就是在 $Q = MP$ 两边乘以 M 的逆，得到

$$P = M^{-1}Q \tag{5-8}$$

因此，可以得到基本变换的逆变换。

(1) 平移

如果变换是在 x 坐标增加 a，在 y 坐标增加 b，那么逆变换矩阵为

$$M^{-1} = \begin{bmatrix} 1 & 0 & -a \\ 0 & 1 & -b \\ 0 & 0 & 1 \end{bmatrix}$$

(2) 缩放

$$M^{-1} = \begin{bmatrix} \dfrac{1}{S_x} & 0 & 0 \\ 0 & \dfrac{1}{S_y} & 0 \\ 0 & 0 & 1 \end{bmatrix}$$

(3) 旋转

$$M^{-1} = \begin{bmatrix} \cos\theta & \sin\theta & 0 \\ -\sin\theta & \cos\theta & 0 \\ 0 & 0 & 1 \end{bmatrix}$$

注意，这和最初的设想是一样的，一个旋转 θ 的逆变换就是旋转 $-\theta$。

(4) 错切

$$M^{-1} = \begin{bmatrix} 1 & -h & 0 \\ 0 & 1 & 0 \\ 0 & 0 & 1 \end{bmatrix}$$

5.3.4　仿射变换的复合变换

将一系列的基本几何变换组合为一个变换的过程叫做复合变换。仿射变换组合后的变换仍然是仿射变换。

假设两个变换用矩阵表示分别是 $\widetilde{M_1}$ 和 $\widetilde{M_2}$，那么点 $\widetilde{P}$ 首先变换到点 $\widetilde{M_1}\widetilde{P}$，然后又变换到 $\widetilde{M_2}(\widetilde{M_1}\widetilde{P})$，通过结合性可得 $(\widetilde{M_2}\widetilde{M_1})\widetilde{P}$，因此有

$$\widetilde{W} = \widetilde{M}\widetilde{P}$$

其中整体变换使用一个单一的矩阵

$$\widetilde{M} = \widetilde{M_2}\widetilde{M_1} \tag{5-9}$$

当使用齐次坐标时，复合变换可通过一个简单的矩阵乘法实现。

注意：矩阵的排列顺序与变换的操作顺序相反。

例如：构造一个变换能够实现：① 绕 z 轴旋转 $45°$；② 在 x 方向上缩放 1.5 倍，在 y 方向上缩放 -2 倍；③ 平移 $(3,5)$。求出点 $(1,2)$ 在此变换后的像。

解：以恰当的顺序对三个矩阵进行相乘（第一个在最后，依次类推），得到：

$$\begin{bmatrix} 1 & 0 & 3 \\ 0 & 1 & 5 \\ 0 & 0 & 1 \end{bmatrix} \begin{bmatrix} 1.5 & 0 & 0 \\ 0 & -2 & 0 \\ 0 & 0 & 1 \end{bmatrix} \begin{bmatrix} 0.707 & -0.707 & 0 \\ 0.707 & 0.707 & 0 \\ 0 & 0 & 1 \end{bmatrix} = \begin{bmatrix} 1.06 & -1.06 & 3 \\ -1.414 & 1.414 & 5 \\ 0 & 0 & 1 \end{bmatrix}$$

现在变换点 $(1,2)$，先把它扩展为齐次坐标表示 $(1,2,1)$，然后把它和上述矩阵相乘，得到的结果是 $(1.94, 0.758, 1)$，省略最后的分量得到 $(1.94, 0.758)$。可以使用图形计算软件来验证这一结果。

例如：如图 5.16 所示，P 点绕 $\bm{V} = (V_x, V_y)$ 旋转一个角度 θ 到点 Q。

思路：先平移所有的点使 V 点和原点重合，然后再绕着原点旋转。之后，整个平面再平移回去，使 V 点回到原来的位置。因此这个旋转就包含三个基本变换：

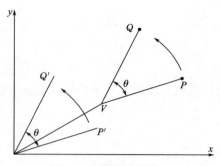

图 5.16　绕一个点旋转

① 使 P 点平移 $V=(-V_x,-V_y)$；

② 绕着原点旋转 θ；

③ 使 P 点平移回去 V。

为每一个变换创建一个矩阵，然后把它们相乘：

$$\begin{bmatrix}1 & 0 & V_x \\ 0 & 1 & V_y \\ 0 & 0 & 1\end{bmatrix}\begin{bmatrix}\cos\theta & -\sin\theta & 0 \\ \sin\theta & \cos\theta & 0 \\ 0 & 0 & 1\end{bmatrix}\begin{bmatrix}1 & 0 & -V_x \\ 0 & 1 & -V_y \\ 0 & 0 & 1\end{bmatrix}=\begin{bmatrix}\cos\theta & -\sin\theta & d_x \\ \sin\theta & \cos\theta & d_y \\ 0 & 0 & 1\end{bmatrix}$$

整体的平移分量 d_x 和 d_y 分别是：

$$d_x=-\cos\theta V_x+\sin\theta V_y+V_x$$
$$d_y=-\sin\theta V_x-\cos\theta V_y+V_y$$

因为 $\sin\theta$ 和 $\cos\theta$ 同时出现在结果矩阵和绕原点旋转的变换矩阵中，所以，可知绕任意一点旋转实际上等价于先绕原点旋转，然后再经过一个如上所示的距离为 (d_x,d_y) 的平移。

例如：关于直线的反射。

设一条经过原点的直线与 x 轴成 β 角度，如图 5.17 所示。多边形模型关于该直线反射变换的复合矩阵构建步骤如下：

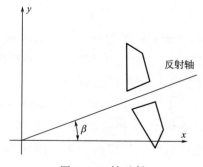

图 5.17　轴反射

① 旋转角度 $-\beta$（旋转轴可以看作是 z 轴）；

② 关于 x 轴反射；

③ 旋转 β 角使轴回到原位。

这些变换每一个都可以用一个矩阵表示，组合变换矩阵如下：

$$\begin{bmatrix} c & s & 0 \\ -s & c & 0 \\ 0 & 0 & 1 \end{bmatrix} \begin{bmatrix} 1 & 0 & 0 \\ 0 & -1 & 0 \\ 0 & 0 & 1 \end{bmatrix} \begin{bmatrix} c & -s & 0 \\ s & c & 0 \\ 0 & 0 & 1 \end{bmatrix} = \begin{bmatrix} c^2 - s^2 & -2cs & 0 \\ -2cs & s^2 - c^2 & 0 \\ 0 & 0 & 1 \end{bmatrix}$$

其中，c 代表 $\cos\beta$，s 代表 $\sin\beta$。使用三角恒等式，最终矩阵为：

$$\begin{bmatrix} \cos2\beta & \sin2\beta & 0 \\ \sin2\beta & -\cos2\beta & 0 \\ 0 & 0 & 1 \end{bmatrix} （关于角度为 \beta 的轴的反射） \tag{5-10}$$

5.4　三维仿射变换

三维仿射变换的思想和二维仿射变换的情形一样，假设坐标系由原点 ϕ 和三个互相垂直的轴 $\boldsymbol{i}$、$\boldsymbol{j}$ 和 $\boldsymbol{k}$ 组成。在此坐标系中的点 P 定义为 $P = \phi + P_x\boldsymbol{i} + P_y\boldsymbol{j} + P_z\boldsymbol{k}$，其表达形式为：

$$\widetilde{P} = \begin{bmatrix} P_x \\ P_y \\ P_z \\ 1 \end{bmatrix}$$

假设 $T()$ 是一个仿射变换，把点 $\widetilde{P}$ 变换到 $\widetilde{Q}$。变换 $T()$ 可以用一个 4×4 的矩阵表示：

$$\widetilde{M} = \begin{bmatrix} m_{11} & m_{12} & m_{13} & m_{14} \\ m_{21} & m_{22} & m_{23} & m_{24} \\ m_{31} & m_{32} & m_{33} & m_{34} \\ 0 & 0 & 0 & 1 \end{bmatrix} \tag{5-11}$$

则，

$$\begin{bmatrix} Q_x \\ Q_y \\ Q_z \\ 1 \end{bmatrix} = \widetilde{M} \begin{bmatrix} P_x \\ P_y \\ P_z \\ 1 \end{bmatrix} \tag{5-12}$$

5.4.1 基本三维变换

(1) 平移

平移变换矩阵 $\widetilde{M}$ 的齐次坐标表示如下

$$\widetilde{M} = \begin{bmatrix} 1 & 0 & 0 & m_{14} \\ 0 & 1 & 0 & m_{24} \\ 0 & 0 & 1 & m_{34} \\ 0 & 0 & 0 & 1 \end{bmatrix} \tag{5-13}$$

请验证 $\widetilde{Q} = \widetilde{M}\widetilde{P}$ 是简单地平移到 $\widetilde{Q}$，其中的平移向量 $\boldsymbol{m} = (m_{14}, m_{24}, m_{34})^{\mathrm{T}}$。

(2) 缩放

三维缩放是二维缩放的直接扩展，变换矩阵如下

$$\begin{bmatrix} S_x & 0 & 0 & 0 \\ 0 & S_y & 0 & 0 \\ 0 & 0 & S_z & 0 \\ 0 & 0 & 0 & 1 \end{bmatrix} \tag{5-14}$$

三个常量 S_x、S_y 和 S_z 决定了相应坐标的缩放。缩放和二维一样是关于原点的。

(3) 剪切

三维剪切和二维比较起来相差就很大了。最基本的剪切变换矩阵是单位阵中某一个 0 被另一个值替换，如：

$$\begin{bmatrix} 1 & 0 & 0 & 0 \\ f & 1 & 0 & 0 \\ 0 & 0 & 1 & 0 \\ 0 & 0 & 0 & 1 \end{bmatrix} \tag{5-15}$$

生成的 $\widetilde{Q} = (P_x, fP_x + P_y, P_z, 1)$，也就是说 P_y 加上 P_x 的某个倍数，其他分量不变。

(4) 旋转

β 的正值表示当逆着轴的方向向里望去时方向是逆时针（CCW）方向。图 5.18 显示了 3 种基本的正向旋转。

令 $R_x()$、$R_y()$ 和 $R_z()$ 分别表示一个点绕 x、y 和 z 轴旋转 β 的旋转矩阵，参数就是点旋转的角度，以弧度为单位，c 代表 $\cos\beta$，s 代表 $\sin\beta$。

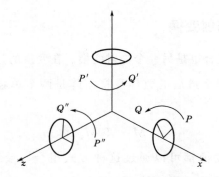

图 5.18　围绕 3 个轴的位置旋转

$$R_x(\beta) = \begin{bmatrix} 1 & 0 & 0 & 0 \\ 0 & c & -s & 0 \\ 0 & s & c & 0 \\ 0 & 0 & 0 & 1 \end{bmatrix} \qquad (5\text{-}16)$$

$$R_y(\beta) = \begin{bmatrix} c & 0 & s & 0 \\ 0 & 1 & 0 & 0 \\ -s & 0 & c & 0 \\ 0 & 0 & 0 & 1 \end{bmatrix} \qquad (5\text{-}17)$$

$$R_z(\beta) = \begin{bmatrix} c & -s & 0 & 0 \\ s & c & 0 & 0 \\ 0 & 0 & 1 & 0 \\ 0 & 0 & 0 & 1 \end{bmatrix} \qquad (5\text{-}18)$$

　　每个矩阵中有 12 项是单位阵中的 0 和 1。它们位于与旋转坐标轴相关联的行和列中，保证经过变换的点的对应坐标分量不会发生变化。

　　例如：求 $P = (3,1,4)$ 经过 y 轴逆时针旋转 30°后得到的点 Q。

　　解：根据式(5-17)

$$c = 0.866$$

$$s = 0.5$$

P 变换到 Q 为：

$$Q = \begin{bmatrix} c & 0 & s & 0 \\ 0 & 1 & 0 & 0 \\ -s & 0 & c & 0 \\ 0 & 0 & 0 & 1 \end{bmatrix} \begin{bmatrix} 3 \\ 1 \\ 4 \\ 1 \end{bmatrix} = \begin{bmatrix} 4.6 \\ 1 \\ 1.964 \\ 1 \end{bmatrix}$$

和期望的一样，y 坐标没有变。

5.4.2　三维复合仿射变换

三维仿射变换的组合也是另一个仿射变换。在变换的过程中，先进行 M_1 操作再进行 M_2 操作，那么最后的整体变换矩阵是两个单独变换的乘积，M_2 乘以 M_1：

$$M=M_2M_1 \tag{5-19}$$

任意数量的仿射变换都可以通过这种方式组合，最终结果矩阵表示整个变换。

欧拉定理认为关于某个点的任何旋转（或者是一系列旋转）等价于绕着通过此点的某个轴的单一旋转。

绕空间任一通过坐标原点的轴 OA 做旋转变换，OA 轴表示为向量 (A_x, A_y, A_z)，具体思路为：首先建立一个新的坐标系 $Ouvw$，Ow 轴的指向和 (A_x, A_y, A_z) 的指向一致。先把要作旋转变换的对象从坐标系 $oxyz$ 变到坐标系 $Ouvw$，在坐标系 $Ouvw$ 把物体绕 Ow 轴旋转要求转动的角度，再把旋转后的对象从坐标系 $Ouvw$ 变换到原坐标系 $oxyz$ 中。

（1）坐标系 *Ouvw* 的建立

Ou 轴可取通过 O 点并和 Ow 轴垂直的任一直线，Ow 轴方向的单位向量为

$$w=(A_x,A_y,A_z)/\sqrt{A_x^2+A_y^2+A_z^2}=(a_{31},a_{32},a_{33})$$

当 $A_x^2+A_y^2\neq0$，Ou 轴的单位向量为

$$u=(-A_y,A_x,0)/\sqrt{A_x^2+A_y^2}=(a_{11},a_{12},a_{13})$$

当 $A_x^2+A_y^2=0$，取 $u=(1,0,0)=(a_{11},a_{12},a_{13})$

Ov 轴的单位向量为 $v=w\times u$，即 $v=(a_{21},a_{22},a_{23})$

（2）从坐标系 *oxyz* 到坐标系 *Ouvw* 的变换

$$\begin{bmatrix}u\\v\\w\end{bmatrix}=\begin{bmatrix}a_{11}&a_{12}&a_{13}\\a_{21}&a_{22}&a_{23}\\a_{31}&a_{32}&a_{33}\end{bmatrix}\begin{bmatrix}x\\y\\z\end{bmatrix}=A\begin{bmatrix}x\\y\\z\end{bmatrix}$$

（3）从坐标系 *Ouvw* 到坐标系 *oxyz* 的变换

由于向量 u、v、w 是互相正交的单位向量，可知矩阵 A 的逆矩阵就是 A 的转置矩阵 A^T，即

$$A^{-1}=A^{\mathrm T}=\begin{bmatrix} a_{11} & a_{21} & a_{31} \\ a_{12} & a_{22} & a_{32} \\ a_{13} & a_{23} & a_{33} \end{bmatrix}$$

则

$$\begin{bmatrix} x \\ y \\ z \end{bmatrix}=A^{\mathrm T}\begin{bmatrix} u \\ v \\ w \end{bmatrix}$$

（4）绕任意轴的变换

$$\begin{bmatrix} x' \\ y' \\ z' \end{bmatrix}=A^{\mathrm T}\begin{bmatrix} \cos\alpha & -\sin\alpha & 0 \\ \sin\alpha & \cos\alpha & 0 \\ 0 & 0 & 1 \end{bmatrix}A\begin{bmatrix} x \\ y \\ z \end{bmatrix}$$

其中，每一个矩阵都是关于一个坐标轴的旋转。手工操作是很繁琐的，但是编程实现是很简单的。尽管如此，对于上述乘积得到的矩阵也很难看出其各个分量是受哪些因素影响的。

OpenGL 中的 glRotated（angle，ux，uy，uz）函数可以创建绕任意轴的旋转。

本章习题

1. 当窗口变化时，视区大小不变，会出现哪些情况？当窗口大小不变，而视区大小改变时，又会出现什么情况？请分别说明。

2. 对下图中的长方体进行比例变换，已知该长方体长 3m，宽 2m，高 2m，要求长度方向缩放 1/2，宽度方向缩放 1/3，高度方向缩放 1/2，求变换后的长方体各顶点坐标。

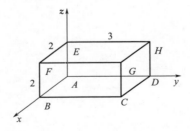

3. 如图所示四边形 $ABCD$，求绕点 $P(5,4)$ 顺时针旋转 90°的变换矩阵，并求出各端点坐标，画出变换后的图形。

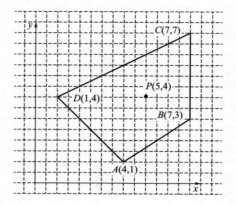

第*6*章
产品数字化造型基础

6.1 基本定义

产品数字化造型是指将物体的三维几何信息存储在计算机内，形成该物体的三维几何模型，并能为各种具体应用提供信息的技术，如能随时在任意方向显示物体形状，计算体积、面积、重心、惯性矩等。数字化模型是对原物体的确切的数学描述或是对原物体某种状态的真实模拟。图 6.1 所示为某发动机的数字化模型。

(a) 几何模型　　　　　　　　　　　(b) 渲染模型

图 6.1　某发动机数字化模型

产品数字化造型包括两个主要分支：①曲面造型，主要研究在计算机内如何描述一张曲面，如何对它的形状进行交互式显示与控制；②实体造型，着重研究如何在计算机内定义、表示一个三维物体。本章主要介绍实体造型。

几何形体由基本元素点、边、面、环、体、体素等组成，下面对这些术语进行解释。

点是最基本的 0 维几何元素，分为端点、切点和交点等。在三维（或二维）空间中，点用坐标 (x, y) 或 (x, y, z) 来定义。自由曲线、自由曲面的描述常用控制点、插值点和型值点三种。

边（线）是一维几何元素，是形体内两个相邻面（正则形体）或多个相邻面（非正则形体）的交界。

面是二维几何元素，是形体上的一个有限、非零区域，由一个外环和若干个内环确定其范围。

环是由有序、有向边组成的面的封闭边界，分为内环（顺时针）和外环（逆时针）。在面上沿一个环前进，左侧总在面内，右侧总在面外。

体是三维几何元素，是由封闭表面围成的有效空间。

体素指可以用有限个尺寸参数定位和定形的体，如长方体、圆柱体、球体等。

6.2 三维物体的存储模型

在计算机中常用线框、表面和实体三种表示模型。

6.2.1 线框模型

线框模型（Wireframe Modeling）是 CAD 技术中最早使用的三维模型，该模型以直线和曲线描述三维形体的边界组成，定义线框模型空间顶点的坐标信息、边的信息及顶点和边的连接关系。在计算机内部以点表和边表来表达，点表描述每个顶点的编号和坐标，边表说明每一棱边起点和终点的编号。如对立方体的描述：立方体由六个表面组成，每个面由四条棱边围成，每条棱边通过两个端点来定义，这种关系形成了一个树状结构。只要给定下层每个顶点的坐标值，形成顶点表，棱线的编号形成棱线表，就能唯一地确定该立方体。应当说，物体是边表和点表相应的三维映射。

线框模型用顶点和棱边来表示形体。如图 6.2(a) 所示的长方体，首先给出其 8 个顶点 V_1、V_2、…、V_8 的坐标，其点表见表 6.1，则此长方体的形状和位

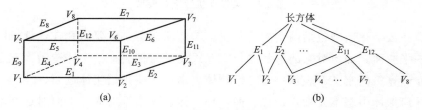

(a)   (b)

图 6.2 长方体的线框模型

置在几何上就被确定了。但在图形显示时，只有顶点还不能清楚地表示此长方体，还必须将棱边 E_1、E_2、$\cdots$、E_{12} 表示出来，长方体的顶点和棱边的关系如图 6.2(b) 所示，边表详见表 6.2。

表 6.1　长方体的顶点表

顶点表	V_1	V_2	V_3	V_4	V_5	V_6	V_7	V_8
x 坐标	a	a	a	a	0	0	0	0
y 坐标	0	b	b	b	0	b	b	0
z 坐标	0	0	c	c	0	0	c	c

表 6.2　长方体的边表

边号	E_1	E_2	E_3	E_4	E_5	E_6	E_7	E_8	E_9	E_{10}	E_{11}	E_{12}
起点号	V_1	V_2	V_3	V_4	V_5	V_6	V_7	V_8	V_1	V_2	V_3	V_4
终点号	V_2	V_3	V_4	V_1	V_6	V_7	V_8	V_5	V_5	V_6	V_7	V_8

线框模型存在以下缺点：①该数据结构包含的信息有限，无法实现图形的自动消隐；②同一数据结构可能对应多个物体，产生二义性；③这种数据结构无法处理曲面物体的侧影轮廓线；④在生成复杂物体的图形时，采用线框式的数据结构要求输入大量的初等数据，这不仅加重了用户的负担，而且很难保证数据的有效性和统一性。

6.2.2　表面模型

表面模型（Surface Modeling）是用有向棱边围成的部分来定义物体表面，由面的集合来定义物体，即以物体的各表面为单位来表示形体特征。

表面模型是在线框模型的基础上增加了有关生成三维物体各表面的数据信息。这些信息包括定义表面的环、表面特征、棱边连接方向等内容，从而满足面和面的求交、线面消隐、明暗色彩图、数控加工等应用问题的需要。但是，表面模型无法确定物体的内部和外部、空心还是实心等信息，所以只适用于对物体外壳的描述。

表面模型的数据结构原理见图 6.3，与线框模型相比，多了一个面表（顶点表和边表与表 6.1 和表 6.2 完全相同，面表见表 6.3），用来记录边、面间的拓扑关系，但仍旧缺乏面、体间的拓扑关系，无法区别面的哪一侧是体内，哪一侧是体外，依然不是实体模型。

表 6.3　长方体的面表

面号	F_1	F_2	F_3	F_4	F_5	F_6
边号	E_1　E_2 E_3　E_4	E_5　E_6 E_7　E_8	E_1　E_{10} E_5　E_9	E_2　E_{11} E_6　E_{10}	E_3　E_{12} E_7　E_{11}	E_4　E_9 E_8　E_{12}

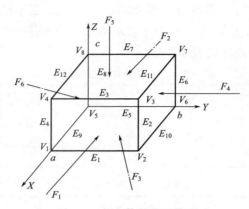

图 6.3　长方体的曲面模型

6.2.3　实体模型

实体造型研究如何以形状简单、规则的基本体素为基础，通过并交差等集合运算构成复杂形状的物体。实体模型明确定义了在表面的哪一侧存在实体，在表面模型的基础上可用三种方法来定义。图 6.4(a) 在定义表面的同时，给出实体存在侧的一点 P；图 6.4(b) 直接用表面的外法矢来指明实体存在的一侧；图 6.4(c) 是用有向棱边的方向表示表面的外法矢方向。通常表面的外法矢方向按有向棱边的右手法则取向，即沿着闭合的棱边所得的方向为表面的外法矢方向。因此，属于两相邻表面的棱边，其棱边的指向是相反的，如图 6.4(d) 所示。

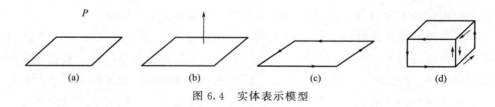

(a)　　　　　　(b)　　　　　　(c)　　　　　　(d)

图 6.4　实体表示模型

实体模型完整地定义了立体图形，能区分内外部，能够提供清晰的剖面图，可以准确计算质量特性和有限元网格，并能方便地模拟机械运动，是三种模型中最为重要的一种模型。

6.3　三维实体的表示方法

6.2 节所介绍的三种表示模型是一种广义的概念，并不反映实体在计算机内部或对最终用户而言所用的具体表示方式。针对不同的表示方式，几何造型系统采用的数据结构也有所不同，主要包括以下三种。

（1）构造实体几何表示（CSG）

它以一组简单的物体通过正则集合运算来构造新的物体，这些简单的物体称为基本体素，可以是立方体、长方体、圆柱体、圆锥体等。

（2）边界表示（BRep）

边界表示法是通过描述构成实体边界的点、边、面来达到表示实体的目的，实体与其边界一一对应。

（3）空间分割表示

将基本体素通过"粘合"构造新的物体。单元分解表示、八叉树表示等属于这种表示方法，特征表示法也可看作这种表示方法的特例。

从用户角度看，形体表示以特征表示和构造实体几何表示（CSG）较为方便；从计算机对形体的存储管理和操作运算角度看，以边界表示（BRep）最为实用。为了适合某些特定的应用要求，形体还有一些辅助表示方式，如单元分解表示和扫描表示。在下面几节中，将对这几种表示方式分别进行介绍。

6.3.1　构造实体几何表示法

集合运算包括并、交、差，图 6.5(b) 所示为图 6.5(a) 中的 A 与 B 两个多边形通过集合求交之后获得的图形，存在悬边。正则集合运算指通过集合运算得到点集的内部后，再用一张"皮"将它紧紧包裹起来。点集的内部是指从点集中任取一点，该点的一个充分小的邻域所包含的点也全部属于该点集。图 6.5(a) 中的 A 与 B 多边形经过正则求交集合运算后，结果如图 6.5(c) 所示。

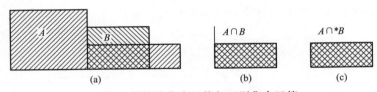

图 6.5　物体的集合运算与正则集合运算

基本体素是指能用有限个尺寸参数进行定形和定位的简单的封闭空间，如长方体、圆柱体、圆锥体、球体等。

构造实体几何表示（Construction Solid Geometry，CSG），或称 CSG 树表示，是一种应用广泛的物体表示与构造方法，它的基本思想是用一些简单的基本体素通过正则集合运算构造、表示新的物体。

采用构造实体几何表示法描述一个复杂物体时可以采用一棵二叉树，它的中间结点是正则集合运算，而叶结点为基本体素，这棵树就叫作 CSG 树。如

图 6.6 所示，顶层的物体可看作是由下层的三个基本体素经过正则运算生成的。

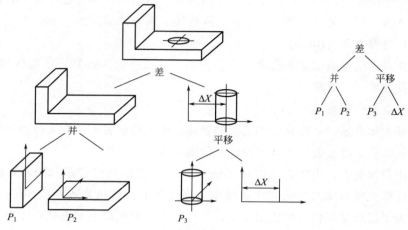

图 6.6　构造实体几何表示

叶子结点表示参与运算的基本体素或变换矩阵；中间结点表示操作，即几何变换和布尔运算；根结点表示集合运算的最终结果。

图 6.7 为 CSG 树结点的数据结构的一种组织方法。每一结点由操作码、坐标变换域、基本体素指针、左子树、右子树组成。除操作码外，其余域均以指针形式存储。操作码按约定方式取值。例如，当操作码为 0 时表示该结点为一基本体素结点，相应左子树、右子树指针取 NULL；为 1 时表示其左、右子树求并；为 2 时表示求差；为 3 时表示求交。每一结点的坐标变换域存储该结点所表示物体在进行新的集合运算前所作坐标变换的信息。

Op-code (操作码)	
transform (坐标变换域)	primitive (基本体素)
left-subtree (左子树)	right-subtree (右子树)

图 6.7　CSG 树结点的数据结构

CSG 树表示是无二义性的，也就是说一棵 CSG 树表示能够完整地确定一个物体，因此 CSG 树支持对物体的一切几何性质的计算。采用 CSG 树表示物体直观简洁，其表示物体的有效性由基本体素的有效性和正则集合运算的有效性来保证。通常 CSG 树只定义了它所表示的物体的构造方式，但不存储边界信息，也未显式定义三维点集与所表示的物体在空间的一一对应关系，所以 CSG 树表示又被称为物体的隐式模型或算法模型。构造实体几何表示法造型简单，所需的存储信息量少。

6.3.2　边界表示法

物体可以通过描述它的边界来表示，这种表示三维物体的方法称为边界表示法。所谓边界就是物体内部点与外部点的分界面。显然，定义了物体的边界，该物体也就被唯一地定义了。图 6.8 为边界表示法的一个例子，图 6.8(a) 中的物体可由图 6.8(b) 表示。

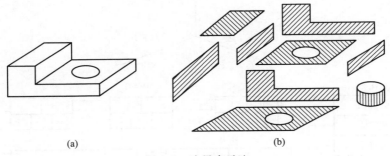

(a)　　　　　　　　　　　　　(b)

图 6.8　边界表示法

边界表示法与传统的工程绘图有密切的联系。输入两个点，即可以通过两个给定点连接一条线。若干条首尾相接的线段（即棱边，在计算机图形学中它们被定义成物体相邻表面的交线）可形成一个闭合环，一个或多个环给出一个面的边界。最后，若干个表面闭合后围成一个"体"。

边界表示法中描述物体的信息包括几何信息与拓扑信息。物体的拓扑信息是指物体上所有的顶点、棱边、表面间的连接关系。物体的几何信息描述形体的大小、位置、形状等基本信息，如顶点坐标、边和面的数学表达式等。拓扑信息形成物体边界表示的"骨架"，形体的几何信息犹如附着在"骨架"上的"肌肉"。描述形体拓扑信息的根本目的是便于直接对构成形体的各面、边及顶点的参数和属性进行存取和查询，便于实现以面、边、点为基础的各种几何运算和操作。

在边界表示法中，拓扑信息与几何信息分开表示有下述优点：①便于查询物体中各元素，获取它们的相关信息；②容易支持对物体的各种局部操作；③对于具有相同拓扑结构但大小、尺寸不同的一类物体可以用统一的数据结构加以表示；④便于在数据结构上附加各种非几何信息。

边界表示强调实体的外表细节，把面、边、顶点的信息分层描述，并建立了层与层之间边界表示。没有统一的数据结构，为了有效地表示几何体的拓扑关系，斯坦福大学的 B. G. Baumgart 在 1972 年提出了以棱边为中心的多面体表示的翼边结构（Winged Edge Data Structure，WED）及改进后的对称结构等。翼边结构以边为核心组织数据，如图 6.9 所示。

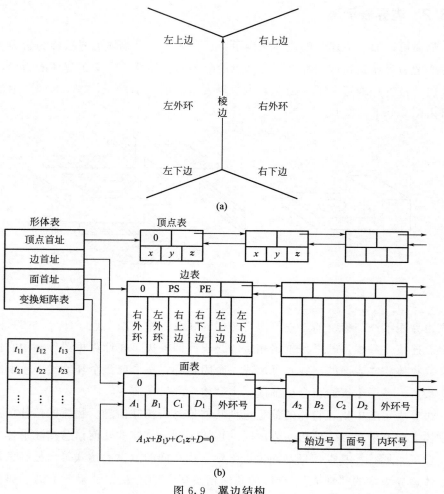

图 6.9　翼边结构

棱边数据结构中包含两个点指针，指向该边的起点和终点，棱边为一有向线段。当棱边为曲线段时，还需增加一指针指向曲线表示的结构。翼边数据结构中另设两个环指针，分别指向棱边所邻接的两个环（左环和右环）。由边环关系可确定棱边与邻面之间的拓扑关系。

为了从棱边搜索到它所在的任一闭环上的其他棱边，数据结构中还增设四个指向邻边的指针，分别为左上边、左下边、右上边、右下边，左上边为棱边左边环中沿逆时针方向所连接的下一条边，其余类推。

该结构拓扑信息完整，查询和修改方便，可很好地应用于正则布尔运算。

现在的 CAD 系统数据结构都是翼边结构的变体。

在构成多面体的三要素（顶点、边、面）中，半边数据结构以边为核心。为了方便表达拓扑关系，它将一条边表示成拓扑意义上方向相反的两条"半边"，所以称为半边数据结构。半边数据结构在拓扑上分五个层次，即体-面-环-半边-顶点，每层拓扑元素所包含的主要属性如图 6.10 所示，其中各节点的数据结构及含义如下：

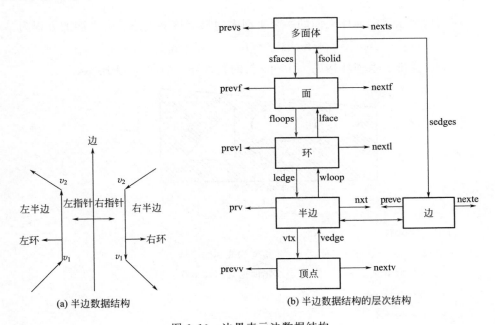

图 6.10 边界表示法数据结构

```
struct solid
{
    Id solidno;              /* 多面体序号 */
    Face * sfaces;           /* 指向多面体的面 */
    Edge * sedges;           /* 指向多面体的边 */
    Solid * nexts;           /* 指向后一个多面体 */
    Solid * prevs;           /* 指向前一个多面体 */
};
```

多面体是整个数据结构最上层的节点，在任何时候，都可以通过连接各节点的双向指针遍历（查找）构成多面体边界的面、边、顶点等元素。系统中也许会同时存在多个体，它们通过指针 prevs 和 nexts 连接起来。

```
struct face{
    Id faceno;                  /*面的序号*/
    Solid * fsolid;             /*指向该面所属的多面体*/
    Loop * floops;              /*指向构成该面的环*/
    Vector feq;                 /*平面方程*/
    Face * prevf;               /*指向前一个面*/
    Face * nextf;               /*指向后一个面*/
};
```

面结构表示了多面体表面的一个平面多边形。该多边形所在平面的方程为：

$$feq[0]x+feq[1]y+feq[2]z+feq[3]=0;$$

它的边界由一系列环构成，floops 指向其外环，如图 6.11 所示。

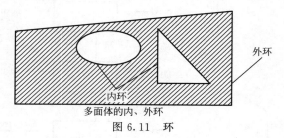

多面体的内、外环

图 6.11　环

```
struct loop{
    HalfEdge * ledge;           /*指向构成环的半边*/
    Face * lface;               /*指向该环所属的面*/
    Loop * prevl;               /*指向前一个环*/
    Loop * nextl;               /*指向后一个环*/
};
```

一个环由多条半边组成，环的走向是一定的，若规定一个面的外环为逆时针走向，则其内环是顺时针走向，反之亦然。

```
struct edge{
    Id edgeno;                  /*边的序号*/
    HalfEdge * he1;             /*指向左半边*/
    HalfEdge * he2;             /*指向右半边*/
    Edge * preve;               /*指向前一条边*/
    Edge * nexte;               /*指向后一条边*/
};
```

一条边分为拓扑意义上方向相反的两条半边。在多面体的边界表示中，保存边的信息是为了方便对多面体以线框的形式进行显示处理。

```
struct halfedge{
    Edge * edge;                /* 指向半边的父边 */
    Vertex * vtx;               /* 指向半边的起始顶点 */
    Loop * wloop;               /* 指向半边所属的环 */
    HalfEdge * prv;             /* 指向前一条半边 */
    HalfEdge * nxt;             /* 指向后一条半边 */
};
```

半边是整个数据结构的核心，一条条首尾相连的半边组成一个环，通过指针 edge，可以访问与该边同属一条边的另一半边。

```
struct vertex{
    ID vertexno;                /* 顶点序号 */
    HalfEdge * vedge;           /* 指向以该顶点为起点的半边 */
    Vector vcoord;              /* 顶点坐标 */
    Vertex * nextv;             /* 指向前一个顶点 */
    Vertex * prevv;             /* 指向后一个顶点 */
};
```

顶点是构成多面体的最基本元素，它包括了多面体的所有几何信息，即顶点坐标 vcoord。

例如，某四棱锥的边界表示如图 6.12 所示。

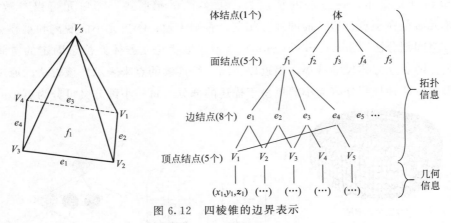

图 6.12　四棱锥的边界表示

平面多面体是表面由平面多边形构成的三维物体。简单多面体指与球拓扑等价的那些多面体。欧拉运算是三维物体边界表示数据结构的生成操作。对于简单多面体，其顶点数 V、边数 E 和面数 F 必须满足欧拉公式 $V-E+F=2$。例如，长方体顶点数 V 为 8，边数 E 为 12，面数 F 为 6，则 $8-12+6=2$，即满足欧拉公式，该长方体为简单多面体。

对于一般的多面体，经过欧拉运算所构建的拓扑元素和拓扑关系均要求满足欧拉公式：

$$v-e+f-r=2(s-h)$$

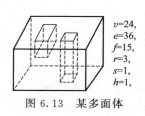

$v=24,$
$e=36,$
$f=15,$
$r=3,$
$s=1,$
$h=1,$

图 6.13　某多面体

其中，r、s、h 分别表示物体表面的内环数、不相连接的物体个数以及物体的通孔数目。以保证所建边界表示的有效性。

如图 6.13 所示的多面体，将各参数代入欧拉公式：$24-36+15-3=2(1-1)=0$，因此，所构建的多面体边界表示有效。

6.3.3　分解表示法

分解表示法的原理是将形体按某种规则分解为小的更易于描述的部分，每一小部分又可分为更小的部分，持续分解直至每一小部分都能够直接描述为止。主要包括完全枚举法、空间分割法、单元分解法。

完全枚举法（Exhaustive enumeration）指将要表达的实体沿直角坐标平面分割成大小形状一致的立方块，如图 6.14（a）所示。该表示法的特点为：①概念清楚，表达简单；②近似表达，精度不高；③要求很大的存储量。

单元分解法（Cell decompositions）是一种单元形式可变的分解表示法，如图 6.14（b）所示。该方法的特点为：①多种单元形式；②单元可以参数化；③单元必须在顶点、边、面的地方相交，否则无效；④单元不能脱离和重叠。

空间划分法（Space subdivision）指单元形状是立方体并位于固定的空间栅格里，随着立方体尺寸减小，逼近以空间一组连续的点来表示。该方法的原理是将形体按某种规则分解为小的更易于描述的部分，每一小部分又可分为更小的部

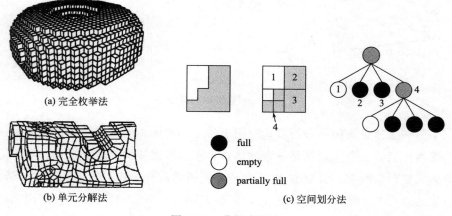

(a) 完全枚举法

(b) 单元分解法

(c) 空间划分法

● full
○ empty
◉ partially full

图 6.14　分解表示法

分，持续分解直至每一小部分都能够直接描述为止。空间划分法中，单元尺寸决定模型的最高分辨率。

四叉树和八叉树表示法是常用的空间划分法。其中，八叉树的结点编码规则为：首先在空间中定义一个能够包含所表示物体的立方体，立方体的三条棱边分别与 x、y、z 轴平行，边长为 $2n$，若立方体内空间完全由表示的物体占据，则物体可用这个立方体予以表示，否则将立方体在 x、y、z 轴三个方向都进行二等分，整个立方体共等分为八个小块，每块仍为一个小立方体，其边长为原来立方体边长的 1/2。将这八个小立方体依序编号为 0、1、2、…、7，如图 6.15 所示。

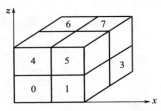

图 6.15 八叉树的结点编码

若某一小立方体的体内空间全部被所表示的物体占据，则将此立方体标识为"Full"；若它与所表示物体无交，则该立方体被标识为"Empty"；否则将它标识为"Partial"，并继续分割下去。依此方式，物体在计算机内可表示为一棵八叉树。

注意，凡标识为"Full"或"Empty"的立方体均为终端结点，而标识为"Partial"的立方体为非终端结点。最后，当分割生成的每一小立方体的边长为单位长时，分割即告终止。此时可将每一小立方体标识为"Full"。最终形成的八叉树结构如图 6.16 所示。

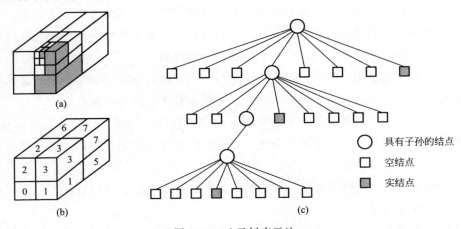

图 6.16 八叉树表示法

6.3.4　扫描表示法

　　扫描表示法指通过平移、旋转及其他对称变换来构造三维物体的方法。用一个集合在空间运动就能"扫"成一实体。通常用二维形体及它的运动轨迹来表示扫描生成的物体。

　　扫描方法包括平移扫描和旋转扫描。图 6.17(a) 所示为平移扫描，图中 A（五边形）是一个二维的多边形，B 是一条有向的直线，相当于运动轨迹，A 沿着 B 路径进行扫描运动，则形成图中所示物体。由于路径 B 的表达很简单，又由于集合 A 可用 A 的边界的边来表示，所以平移扫描的表示即为 A 集合的二维表示。图 6.17(b)、(c) 所示为旋转扫描，这个物体可以看作集合 A 绕 Z 轴沿旋转路径 B 运动而成。同样，集合 A 是一个二维形体，可用其边界的边来表示。

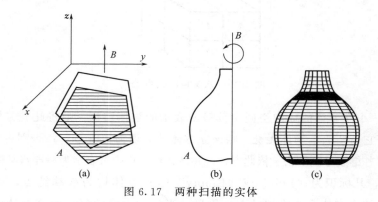

图 6.17　两种扫描的实体

6.3.5　特征造型

　　广义的特征是指产品开发过程中各种信息的载体，包括产品的定义信息、与产品设计和制造相关的技术，其中既有形状信息，又有非形状信息。狭义的特征指具有一定拓扑关系的一组实体体素构成的特定形体。

　　特征表示就是用一组特征参数来定义一组类似的物体，特征的引用直接体现设计意图。特征表示旨在更好地表达产品完整的技术及生产管理信息。

　　特征反映了设计者和制造者的意图。从设计角度，特征可以分为设计特征、分析特征、管理特征等；从加工角度，特征可以分为与加工、操作、工具有关的零部件形式及技术特征。

　　特征从功能上可分为形状特征、精度特征、技术特征、材料特征等。

（1）形状特征

　　用于描述具有一定工程意义的几何形状信息，如体素、孔、半径等。这是产品信息模型中最主要的特征信息之一，也是其他非几何信息的载体。非几何信息可以作为属性或约束附加在形状特征的组成要素上。形状特征分为主特征和辅特征。其中，主特征用于构造零件的主体形状结构，辅特征主要对主特征局部修改，如凸台、筋、孔、槽、螺纹等。如图 6.18 所示。

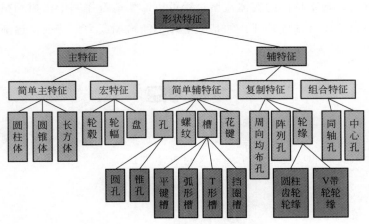

图 6.18　形状特征层次结构

（2）精度特征

用于描述产品几何形状、尺寸的许可变动量及其误差，如形位公差、表面粗糙度等。精度特征又可划分为形状公差特征、位置公差特征、表面粗糙度等。

（3）技术特征

技术特征又称性能分析特性，用于表达零件在性能分析时所使用的信息，如形体的性能参数和特征、有限元网格划分等。这些信息没有固定格式和内容，很难用统一的模型描述。

（4）材料特征

用于描述材料的类型、性能及热处理等信息，如硬度、密度、化学特性、导电特性、材料处理方式等。

（5）装配特征

用于表达零部件的装配关系。装配特征包括装配过程中所需的信息（如简化表达、模型替换等），以及在装配过程中生成的形状特征。

（6）补充特征

又称管理特征，主要是描述零件的总体信息和标题栏信息，如零件名、零件类型、GT 码、零件的轮廓尺寸、质量、件数、材料名、设计者、设计日期等。

特征表示适用于工业上定型的标准件。所有的标准件保存在一个数据库中，使用时用户只要指定适当的参数值即可。特征表示是面向用户的，使用起来比较方便。着眼于如何更好地表达产品完整的功能及生产管理信息，产品设计在更高层次上进行，加强产品设计、分析、工艺准备、加工、装配、检测等部分之间的联系，推行行业内的产品设计和工艺方法的规范化。

特征建模是一种利用特征的概念，面向整个产品设计、生产制造过程进行设计的造型方法。基于特征的实体造型过程可以形象地看作一个由粗到精的制造过程，即在初始毛坯（基础特征）的基础上，不断增加或去除特征，逐渐获得一个精美的零件。

本章习题

1.构造实体几何表示法的基本思想是什么？与边界表示法有何区别？

2.搜索八叉树相关资料，了解八叉树表示方法。

## 第 7 章

数字化快速成型的前处理

7.1　数字化快速成型概述

数字化快速成型技术是一个离散-堆积的成型过程，采用材料逐点或逐层累积的方法制造实体零件或者零件原型，其成型工艺过程包括三维数字化模型的构造、分层处理、层面堆积成型、后处理。

三维数字化模型主要通过 CAD 三维设计软件构建，构建好的三维数字化模型经过近似处理，生成 STL 格式的数据文件。STL 数据处理实际上就是采用若干小三角形面片来逼近模型的外表面，这一阶段需要注意的是 STL 文件生成的精度控制。

将数字化模型映射到快速成型设备，应用快速成型设备的分层处理软件对STL 文件进行分层处理，将模型离散为一系列有序的单元，一般在 Z 方向按照一定厚度进行离散分层，层厚一般取 0.05～0.5mm，常用 0.1mm。层厚越小，成型精度越高，但成型时间也越长，效率就越低，反之，则精度低，但效率高。同时，模型的摆放方位的处理是十分重要的，不但影响着制作时间和效率，更影响着后续支撑的施加以及原型的表面质量等，因此，摆放方位的确定需要综合考虑上述各种因素。一般情况下，从缩短原型制作时间和提高制作效率来看，应该选择尺寸最小的方向作为叠层方向。但是，有时为了提高原型制作质量以及提高某些关键尺寸和形状的精度，需要将最大的尺寸方向作为叠层方向摆放。有时为了减少支撑量，以节省材料及方便后处理，也经常采用倾斜摆放。确定摆放方位以及后续的施加支撑和切片处理等都是在分层软件系统上实现的。

选择合适的材料及成型工艺，利用快速成型设备对分层处理好的数据模型按照指定的路径进行实体制造，加工生成第一个物理层后，模型降低了一个层高以便生成另一层，循环往复，直到生成整个成型件。

成型件制成之后，通常还要按照一定步骤进行后处理才能得到最终完美的样品，包括固化、去除支撑材料、表面清洁、打磨抛光、喷漆上色、表面强化处理等。

数字化快速成型工艺流程详见图 7.1。

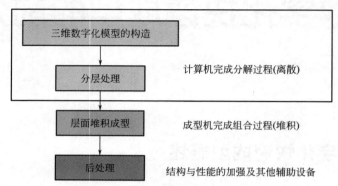

图 7.1　数字化快速成型工艺流程

三维数字化模型是快速成型必需的原始数据源，没有三维数字化模型就无法驱动模型的快速原型制作。三维数字化模型的构建方法包括正向设计和逆向设计两种。正向设计指利用计算机辅助设计软件（如 Pro/E、SolidWorks、Unigraphics、AutoCAD 等）设计和构建三维数字化模型，进行三维实体造型和表面造型。逆向设计是用扫描机（三维激光、CT、零件断层）对已有的产品实体进行扫描，可得到一系列离散点的坐标（点云），再使用有关 CAD 软件对点云进行处理，即可得到被扫描实体的三维模型，然后对其进行二维处理，将三维物体转换为一系列的二维层面信息，再按照快速成型设备能够接受的数据格式输出到相应的快速成型系统。

快速成型系统常用的数据接口格式包括两种：①基于几何模型的数据接口格式，如 STL、IGES、STEP 等，可以直接从 CAD 系统导出；②基于快速成型系统切片的数据格式，如 CLI、HP/QL、CT 等。目前，一般的快速成型系统采用 STL 接口格式。

7.2　三维数字化正向建模

7.2.1　三维数字化造型发展历程

造型技术是 CAD 系统的核心，基础造型理论的每次重大进展都带动了CAD/CAM/CAE 整体技术的提高以及制造手段的更新，造型技术经历了四次革新。

（1）贵族化的曲面造型系统

20 世纪 60 年代出现的三维 CAD 系统只是极为简单的线框式系统。这种初期的线框造型系统只能表达基本的几何信息，不能有效表达几何数据间的拓扑关系。由于缺乏形体的表面信息，CAM 及 CAE 均无法实现。

20 世纪 70 年代，法国达索飞机制造公司推出了三维曲面造型系统 CATIA，标志着计算机辅助设计技术从单纯模仿工程图纸的三视图模式中解放出来，首次实现以计算机完整描述产品零件的主要信息，同时也使 CAM 技术的开发有了现实的基础。

曲面造型系统 CATIA 引发了第一次 CAD 技术革命，但此时的 CAD 技术价格极其昂贵，软件商品化程度低，开发者本身就是 CAD 大用户，彼此之间技术保密。只有少数几家受到国家财政支持的军火商在 70 年代冷战时期才有条件独立开发或依托某厂商发展 CAD 技术。例如，CADAM 由美国洛克希德（Lochheed）公司支持；CALMA 由美国通用电气（GE）公司开发；CV 由美国波音（Boeing）公司支持；IDEAS 由美国国家航空及宇航局（NASA）支持；UG 由美国麦道（MD）公司开发；CATIA 由法国达索（Dassault）公司开发。

（2）生不逢时的实体造型技术

表面模型技术只能表达形体的表面信息，难以准确表达零件的其他特性，如质量、重心、惯性矩等，对 CAE 十分不利。基于对 CAD/CAE 一体化技术发展的探索，SDRC 公司于 1979 年发布了世界上第一个完全基于实体造型技术的大型 CAD/CAE 软件——IDEAS。

由于实体造型技术能够精确表达零件的全部属性，在理论上有助于统一 CAD、CAE、CAM 的模型表达，给设计带来了惊人的方便性。实体造型技术的普及应用标志着 CAD 发展史上的第二次技术革命。实体造型技术虽然带来了算法的改进和未来发展的希望，但也带来了数据计算量的极度膨胀。在当时的硬件条件下，实体造型的计算及显示速度很慢，在实际应用中做设计显得比较勉强。实体造型技术因此未能迅速在整个行业全面推广。

（3）一鸣惊人的参数化技术

20 世纪 80 年代中晚期，计算机技术迅猛发展，硬件成本大幅度降低，CAD 技术的硬件平台成本从二十几万美元降到几万美元。很多中小型企业也开始有能力使用 CAD 技术。1988 年，参数技术公司（Parametric Technology Corporation，PTC）采用面向对象的统一数据库和全参数化造型技术开发了 Pro/E 软件，为三维实体造型提供了一个优良的平台。参数化技术的主要特点是：基于特征、全尺寸约束、全数据相关、尺寸驱动设计修改。

　　传统的 CAD 技术都是用固定的尺寸值定义几何元素，每一个几何元素都有固定的位置。如果要修改设计内容，就必须删除原来的几何元素后重新绘制。在任何一个设计中，大量的修改和反复是不可避免的。用传统的 CAD 技术进行设计，会使设计者陷入大量的、繁杂的绘图工作中。参数化技术克服了上述不足，为设计者带来了极大的方便和灵活，因此，参数化技术的应用主导了 CAD 发展史上的第三次技术革命。

（4）更上一层楼的变量化技术

　　SDRC（Structural Dynamics Research Corporation）的开发人员发现参数化技术尚有许多不足之处。首先，全尺寸约束这一硬性规定就干扰和制约着设计者创造力及想象力的发挥。全尺寸约束就是设计者在设计初期及全过程中，必须通过尺寸约束来控制形状，通过尺寸的改变来驱动形状的改变。当零件形状过于复杂时，改变尺寸达到所需要的形状很不直观。再者，如在设计中关键形体的拓扑关系发生改变，失去了某些约束的几何特征也会造成系统数据混乱。

　　SDRC 公司的开发人员以参数化技术为蓝本，提出了一种比参数化技术更为先进的实体造型技术——变量化技术，并于 1993 年推出全新体系结构的 IDEAS Master Series 软件。IDEASMasterSeries 是美国 SDRC 公司 CAD/CAE/CAM 领域的旗舰产品，以其高度一体化、功能强大、易学易用等特点而著称。其最大的突破在于 VGX 技术的应用，极大地改进了交互操作的直观性和可靠性。另外，该版本还增强了复杂零件设计、高级曲面造型以及有限元建模和耐用性分析等模块的功能。可惜的是 I-DEAS 在 SDRC 被 EDS 收购后很快就中止了新版本的开发。SDRC 公司曾经是世界领先的机械设计自动化（MDA）公司和产品数据管理（PDM）系统及工程服务公司，于 1967 年成立，总部设在俄亥俄州辛辛那提。2001 年被 EDS 公司收购并和 UGS 重组，随后 UGS 又被 Siemens 集团收购重组为 Siemens PLM Software。众所周知，已知全参数的方程组顺序求解比较容易。但在欠约束的情况下，其方程联立求解的数学处理和在软件实现上的难度是可想而知的。SDRC 攻克了这些难题，并就此形成了一整套独特的变量化造型理论及软件开发方法。

　　变量化技术既保持了参数化技术原有的优点，同时又克服了它的许多不利之处。它的成功应用为 CAD 技术的发展提供了更大的空间和机遇。无疑，变量化技术驱动了 CAD 发展的第四次技术革命。

　　实际上，参数化/变量化设计并不是 CAD 软件带来的新设计模式，仅仅是对传统设计过程的提炼和抽象，主要是为了能够将设计过程在计算机软件中处理。本节将对参数化造型和变量化造型进行介绍。

7.2.2　参数化造型

20 世纪 60～70 年代，计算机开始协助机械设计师完成复杂的计算或绘制规则的工程图纸。但是通过计算机将产品的设计要求和工程师的设计思想直接变成可用的工程图纸或者数控加工指令在当时是不可能办到的。输入的几何图形都有确定位置，一旦发生设计变更，必须重新造型，设计人员工作量大。参数化是将设计要求、设计原则、设计方法和设计结果用灵活可变的参数来表示，以便在人机交互的过程中根据实际情况随时加以更改，即几何图形随某参数变化而自动变化的现象。参数化造型（Parametric Modeling）是采用尺寸驱动的方式改变和修改几何约束，构成几何模型的方法，即将原有设计中的某些尺寸特征，如形状、定位或装配尺寸，设置为参数变量，通过修改这些变量的值，自动变动其他相关的尺寸，由此得到不同大小和形状的零件模型。参数化设计的本质是在可变参数的作用下，系统能够自动维护所有的不变参数（如椅子腿长必须为 0.5m，椅子后背的长宽比必须为 2:1 等），以保持形状的固有特征。

约束反映了设计时要考虑的因素，分为几何约束、工程约束（应力、性能）等。其中，几何约束包括结构约束、尺寸约束、参数约束三种。结构约束（也称拓扑约束）指构成图形各几何元素间的相对位置和连接方式，属性值在参数化设计过程中保持不变。在工程图中，此类约束往往是隐含的，如平行、垂直、相切、对称、竖直、共线、同心、固定等。尺寸约束指图中标注的尺寸，如距离、直径、半径、角度等。参数约束指参数之间的数学关系，用表达式表示。

结构约束可以看作是尺寸在特殊情况下转化而来的。例如，如果两个圆的圆心距离逐渐变为零，这时就可以认为是重合约束。有些结构约束也可以看作是不同元素尺寸之间的关系式，如直线与圆相切可以认为是直线到圆心的距离等于该圆的半径。结构约束的优先级最高，因为该约束对于设计具有更加明确的意义，取消或增加一个拓扑约束意味着设计思想的改变，因此，能够用结构约束表达的尽量不用尺寸约束和参数约束。

参数化（Parametric）造型的主体思想是用几何约束、工程方程与关系来说明产品模型的形状特征，从而形成一系列在形状或功能上具有相似性的设计方案。目前能处理的几何约束类型基本上是组成产品形体的几何实体公称尺寸关系和尺寸之间的工程关系，因此参数化造型技术又称尺寸驱动几何技术。

参数化造型主要包括以下 4 个特点。

① 基于特征　将某些具有代表性的几何形状定义为特征（如孔、腔体、倒角、圆角特征等），并将其所有尺寸存为可调参数，进而形成实体，以此为基础进行更为复杂的几何形体的构造。

② 全尺寸约束　造型必须以完整的尺寸参数为出发点（全约束），不能漏注尺寸（欠约束），不能多注尺寸（过约束）。

③ 尺寸驱动设计修改　将形状和尺寸联合起来考虑，通过尺寸约束实现对几何形状的控制，通过编辑尺寸数值驱动几何形状的改变。

④ 全数据相关　尺寸参数的修改导致其他相关模块中的相关尺寸得以全盘更新。

自从以 Pro/E、SolidWorks、UG、CATIA 等为代表的基于特征造型的参数化设计系统问世以来，在此基础上实现机械设计的自动化已经变得切实可行。参数化设计技术是计算机辅助设计技术的一次巨大飞跃，目前先进的 CAD 软件大部分实现了参数化。

参数化造型法大致可以分为尺寸驱动法和变量几何法。

尺寸驱动（dimension-driven）又称为参数化造型（parametric modeling），就是根据尺寸约束用计算的方法自动将尺寸的变化转换成几何形体的相应变化，并且保证变化前后的结构约束保持不变。实现尺寸驱动的关键在于尺寸链的求解，即给定一组几何元素和一组描述几何元素间关系的约束条件，求解这组几何元素以满足该约束。尺寸驱动的几何模型由几何元素、尺寸约束和结构约束三部分组成。当修改某一尺寸时，系统自动检索该尺寸在尺寸链中的位置，找到它的起始几何元素和终止几何元素，使它们按新尺寸值进行调整，得到新模型；接着检查所有几何元素是否满足约束，如不满足，则让结构约束不变，按尺寸约束递归修改几何模型，直到满足全部约束条件为止。求解流程如图 7.2 所示。

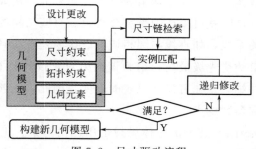

图 7.2　尺寸驱动流程

几何约束求解问题的方法包括：①基于构造过程的约束求解；②数值约束求解；③基于规则的约束求解；④基于图的求解方法。

工程图中绝大多数是以水平和垂直方向尺寸链即轴向尺寸链为其主要的尺寸约束，对于角度、斜标注、半径标注等，也可转换成相应的轴向尺寸。尺寸链也可以表示成树结构形式，结点表示一条尺寸界线所处的坐标点，结点间的连线表示尺寸线，如图 7.3 所示。

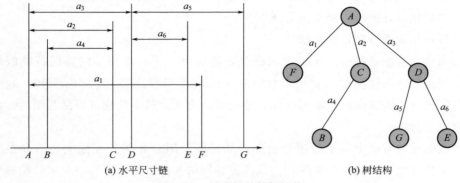

(a) 水平尺寸链　　　　　(b) 树结构

图 7.3　尺寸链的数据结构

尺寸驱动法一般用于结构形状基本定形，可以用一组参数来约定尺寸关系的设计对象。生产中最常用的系列化零件就属于这一类。

变量几何法是一种基于约束的代数方法，它将几何模型定义成一系列特征点，并以特征点坐标为变量形成一个非线性约束方程组。当约束发生变化时，利用迭代方法求解方程组就可以求出一系列的特征点，从而输出新的几何模型。

在三维空间中，一个几何形体可以用一组特征点定义，每个特征点有 3 个自由度，即 (x,y,z)。用 N 个特征点定义的几何形体共有 $3N$ 个自由度，相应需要建立 $3N$ 个独立的约束方程才能唯一确定形体的形状和位置。

将所有特征点的未知分量写成矢量：

$$\boldsymbol{X}=[x_1,y_1,z_1,x_2,y_2,z_2,\cdots,x_N,y_N,z_N]^{\mathrm{T}}$$

或　　　　　$$\boldsymbol{X}=[x_1,x_2,x_3,x_4,x_5,x_6,\cdots,x_{n-2},x_{n-1},x_n]^{\mathrm{T}}$$

其中，N 为特征点个数；$n=3N$，表示形体的总自由度。

将已知的尺寸标注约束方程的值也写成矢量 $\boldsymbol{d}=[d_1,d_2,d_3,\cdots,d_n]^{\mathrm{T}}$

建立方程

$$\begin{cases} f_1(x_1,x_2,x_3,\cdots,x_n)=d_1 \\ f_2(x_1,x_2,x_3,\cdots,x_n)=d_2 \\ \cdots \\ f_n(x_1,x_2,x_3,\cdots,x_n)=d_n \end{cases}$$

应用牛顿迭代法即可求解上述非线性方程组。

变量几何法的两个重要概念是约束和自由度。约束是对几何元素大小、位置和方向的限制，分为尺寸约束和几何约束两类。尺寸约束限制元素的大小，并对长度、半径和相交角度进行限制；几何约束限制元素的方位或相对位置关系。自由度衡量模型的约束是否充分，如果自由度大于零，则表明约束不足，或没有足够的约束方程使约束方程组有唯一解，这时几何模型存在多种变化形式。

参数化设计的设计思想主要如下。

（1）用轮廓体现设计思想

参数化造型系统引入了轮廓的概念，轮廓由若干首尾相接的直线或曲线组成，用来表达实体模型的截面形状（Section）或扫描路径（Trajectory）。轮廓上的线段（直线或曲线）不能断位、错位或者交叉。整个轮廓可以是封闭的，但也可以不封闭。

截面允许有两个以上的闭合轮廓，如果各个闭合轮廓相互独立，不存在嵌套，进行直线扫描时这些曲线扫描成高度相同的实体；如果存在一个闭口轮廓包围其他所有闭口轮廓，且其他曲线之间不存在嵌套，生成实体时，外围闭口轮廓生成实体外部形状，内部闭口轮廓生成孔。一般情况下，闭口轮廓的嵌套最多一重。

最早出现的草绘方法是先绘制轮廓线图，然后添加约束和尺寸，最后利用计算机检验，各步骤之间允许反复。目前，大部分软件已经具备了自动添加约束和尺寸的功能。当前，较先进的动态导航方法是计算机在绘图过程中自动添加约束和尺寸，作为默认的参数，用户过后随时可以修改和删除这些尺寸。

（2）尺寸驱动的思想

如果给轮廓加上尺寸，同时明确线段之间的约束，计算机就可以根据这些尺寸和约束控制轮廓的位置、形状和大小。计算机如何根据尺寸和约束正确地控制轮廓是参数化的一个技术关键。所谓尺寸驱动就是指当设计人员改变了轮廓尺寸数值时，轮廓将随之发生相应的变化，如图 7.4 所示。

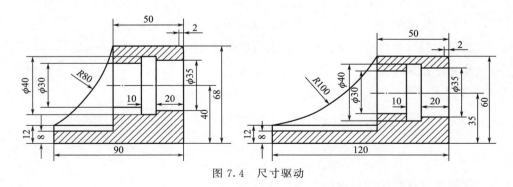

图 7.4　尺寸驱动

尺寸驱动把设计图形的直观性和设计尺寸的精确性有机地统一起来。如果设计人员明确了设计尺寸，计算机就把这个尺寸所体现的大小和位置信息直观地反馈给设计人员，设计人员可以迅速地发现不合理的尺寸。另一方面，在结构设计中设计人员可以在屏幕上大致勾勒设计要素的位置和大小，计算机自动将位置和大小尺寸化，供设计人员参考，设计人员可以在适当的时候修改这些尺寸。由此可以看出，尺寸驱动可以大大提高设计的效率和质量。

（3）合理性检查的思想

在传统的人工设计过程中，尺寸不足、多余和相互矛盾是很难避免的，然而在参数化设计系统中，计算机能够帮助设计人员正确地标注尺寸。

（4）动态导航的思想

动态导航提供了一种指导性的参数化作图手段，与设计人员达成某种默契，从而提高设计效率。根据当前光标位置，动态导航能猜测用户意图，然后用直观的图标将所猜测的约束显示在相关图形的附近，如图 7.5 所示。

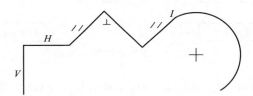

图 7.5　轮廓生成时的动态导航

7.2.3　变量化造型

变量化技术是在参数化的基础上进一步改进后提出的设计思想，将所有的设计要素，如尺寸、约束条件、工程计算条件甚至名称，都视为设计变量，同时允许用户定义这些变量之间的关系式以及程序逻辑，从而使设计的自动化程度大大提高。

变量化造型技术的特点是保留了参数化技术基于特征、全数据相关、尺寸驱动设计修改的优点，但在约束定义方面做了根本性改变。变量化技术将参数化技术中所需定义的尺寸参数进一步区分为形状约束和尺寸约束，而不是像参数化技术那样只用尺寸来约束全部几何，且不苛求全约束，并增加了工程约束。

采用变量化造型技术的理由在于：①在大量新产品开发的概念设计阶段，设计者首先考虑的是设计思想及概念，并将其体现在某些几何形状之中。这些几何形状的准确尺寸和各形状之间的严格的尺寸定位关系在设计的初始阶段还很难完全确定，所以在设计的初始阶段允许欠尺寸约束的存在。②在设计初始阶段，整个零件的尺寸基准及参数控制方式如何处理还很难决定，只有当获得更多具体概念时，一步步借助已知条件才能逐步确定怎样处理才是最佳方案。③除考虑几何约束（geometry constrain）之外，变量化设计还可以将工程关系作为约束条件直接与几何方程联立求解，无须另建模型处理。

变量化造型技术可以进行任意约束情况下的产品设计，不仅可以实现尺寸驱动，还可以实现约束驱动，即由工程关系驱动几何形状的改变。

几何形体指构成物体的直线、圆等几何因素。几何约束包括尺寸约束及拓扑约束。尺寸值指每次赋给的一组具体值。工程方程组表达设计对象的原理、性能等。约束检验用来管理约束状态、识别约束不足或过约束等问题。约束分解可以将约束划分为较小方程组，通过联立求解得到每个几何元素特定点（如直线上的两端点）的坐标，从而得到一个具体的几何模型。其流程如图 7.6 所示。

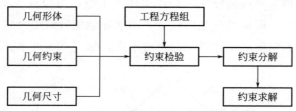

图 7.6　变量化造型流程图

超变量几何（Variational Geometry Extended，VGX）是变量化技术发展的一个里程碑，扩展了变量化产品结构，不要求全尺寸约束，允许用户对一个完整的三维数字化产品从几何造型、设计过程、特征到设计约束进行实时直接操作。

对设计人员而言，采用 VGX，模型修改可以基于造型历史树或超越造型历史树，以拖动方式修改 3D 实体特征，无须回到生成此特征的 2D 线框初始状态。设计人员可以随意塑造零件形状，VGX 可以保留每一个中间设计过程的产品信息。VGX 以拖动方式编辑 3D 实体模型，拖动时显示任意多种设计方案。模型修改允许形状及拓扑关系发生变化，而不是尺寸的数据发生变化。

美国著名的专业咨询评估公司 D. H. Brown 评价 VGX 是"最引人注目的一次革命"。VGX 为用户提供了一种交互操作模型的三维环境，设计人员在零部件上定义关系时，不再关心二维设计信息如何变成三维，从而简化了设计建模的过程。实体模型在可编辑性及易编辑性方面得到了极大的改善和提高。当用户准备做预期的模型修改时，不必深入理解和查询设计过程。与传统二维变量化技术相比，VGX 的技术突破主要表现在以下两个方面。

① VGX 提供了前所未有的三维变量化控制技术。传统面向设计的实体建模软件，无论是变量化的、参数化的，还是基于特征的或尺寸驱动的，其尺寸标注方式通常并不是根据实际加工需要而设，而是根据软件的规则来确定。显然，这在用户主宰技术的时代势必不能令用户满意。采用 VGX 的三维变量化控制技术，在不必重新生成几何模型的前提下，能够任意改变三维尺寸标注方式，为寻求面向制造的设计解决方案提供了一条有效的途径。

② VGX 将直接几何描述和历史树描述两种最佳的造型技术结合起来，具有易学易用的特性。设计人员可以针对零件上的任意特征直接进行图形化的编辑、修改，这就使用户对三维产品的设计更直观和实时。

7.2.4　两种造型技术的比较

参数化技术与变量化技术都属于基于约束的实体造型技术，都强调基于特征的设计、全数据相关、尺寸驱动设计修改等，也都提供方法与手段来解决设计时必须考虑的几何约束和工程关系等问题。

(1) 两种造型技术在约束的处理方面不同

① 参数化技术在设计全过程中将形状和尺寸联合起来一并考虑，通过尺寸约束实现对几何形状的控制；变量化技术将形状约束和尺寸约束分开处理。

② 参数化技术在非全约束时，造型系统不可执行后续操作；变量化技术由于可适应各种约束状况，尺寸是否注完整并不影响后续操作。

③ 参数化技术的工程关系不直接参与约束管理，而是由单独的处理器外置处理；在变量化技术中，工程关系可以作为约束直接与几何方程耦合，再通过约束解算器统一解算。

④ 由于参数化技术苛求全约束，每一个方程式必须是显函数，即所使用的变量必须在前面的方程式内已经定义并赋值为某尺寸参数，其几何方程的求解只能是顺序求解；变量化技术为适应各种约束条件，采用联立求解的数学手段，方程求解顺序无所谓。

⑤ 参数化技术解决的是特定情况（全约束）下的几何图形问题，表现形式是尺寸驱动几何形状修改；变量化技术解决的是任意约束情况下的产品设计问题，不仅可以做到尺寸驱动（dimension-driven），亦可以实现约束驱动（constrain-driven），即由工程关系来驱动几何形状的改变，这对产品结构优化是十分有意义的。

由此可见，是否要全约束以及以什么形式来施加约束恰恰是两种技术的分水岭。

(2) 两种造型技术的指导思想不同

参数化系统的内在限定是求解特殊情况，因此系统内部必须将所有可能发生的特殊情况用程序全盘描述，这样，设计者就被系统寻求特殊情况解的技术限制了设计方法。参数化系统中，只要按照系统规定的方式去操作，系统保证生成的设计的正确性及效率性，否则拒绝操作。造型过程是一个类似模拟工程师读图纸的过程，由关键尺寸、形体尺寸、定位尺寸直到参考尺寸，待无一遗漏全部输入计算机后，形体自然在屏幕上形成。造型必须按部就班，过程必须严格。这种苛刻规定带来了相当的副作用：一是使用者必须遵循软件内在使用机制，如绝不允许欠尺寸约束、不可以逆序求解等；二是当零件截面形状比较复杂时，参数化系统规定将所有尺寸表达出来的要求让设计者有点儿勉为其难，满屏幕的尺寸易让人有无从下手之感；三是由于只有尺寸驱动这一种修改手段，那么究竟改变哪一个（或哪几个）尺寸会导致形状朝着自己满意方向改变很难判断；另外，尺寸驱动的范围亦是有限制的，如果给出了一个极不合理的尺寸参数，导致某特征变形过度，与其他特征相干涉，从而引起拓扑关系的改变，实体模型无法更新。因此从应用上来说，参数化系统特别适用于那些技术已相当稳定成熟的零配件行业。这样的行业，零件的形状改变很少，经常只需采用类比设计，即形状基本固定，只需改变一些关键尺寸就可以得到新的系列化设计结果。再者就是由二维到三维的抄图式设计，图纸往往是绝对符合全约束条件的。

变量化系统中，设计者可以采用先形状后尺寸的设计方式，允许采用不完全尺寸约束，只给出必要的设计条件，这种情况下仍能保证设计的正确性及效率性，因为系统分担了很多繁杂的工作。造型过程类似工程师在脑海里思考设计方案的过程，满足设计要求的几何形状是第一位的，尺寸细节是后来才逐步精确完善的。设计过程相对自由宽松，设计者可以有更多的时间和精力去考虑设计方案，而无须过多关心软件的内在机制和设计规则限制，这符合工程师的创造性思维规律，所以变量化系统的应用领域也更广阔一些。除了一般的系列化零件设计，变量化系统特别适合新产品开发、老产品改形这类创新式设计。

（3）参数化技术与变量化技术在特征管理方面不同

参数化技术在整个造型过程中，将所构造的形体中用到的全部特征按先后顺序串联式排列，便于检索。在特征序列中，每一个特征与前一个特征具有明确的依附关系。但是，当因设计要求需要修改或去掉前一个特征时，则其子特征被架空，这样极易引起数据库混乱，导致与其相关的后续特征受损。这是由于全尺寸约束的条件不满足及特征管理不完善，这也是参数化技术目前存在的比较大的缺陷。

变量化技术采用历史树表达方式，各特征以树状结构挂在零件的"根"上，每个特征除了与前面特征保持关联外，同时与系统全局坐标系建立联系。前一特征更改时，后面特征会自动更改，保持全过程相关性。同时，一旦前一特征被删除，后面特征失去定位基准时，两特征之间的约束便自动解除，系统会通过联立求解方程式自动在全局坐标系下给它确定位置，后面特征不会受任何影响。树状结构还允许将复杂零件拆分成数个零件后再合并到一起。它清楚地记录了设计过程，便于修改和多人协同设计。

简而言之，参数化技术是一种建模技术，应用于非耦合的几何图形和简易方程式的顺序求解，用特殊情况找寻原理和解释技术，为设计者提供尺寸驱动能力。变量化技术是一种设计方法，它将几何图形约束与工程方程耦合在一起联立求解，以图形学理论和强大的计算机数值解析技术为设计者提供约束驱动能力。从技术的理论深度上来说，变量化技术要比参数化技术高一个档次。目前，变量化技术和参数化技术还都在不断地丰富和完善。

7.2.5　其他造型方法

直接建模是一种自由造型技术，不管原有模型是有特征还是无特征的（如从其他 CAD 系统读入的非参数化模型），都可以直接进行后续模型的创建，无须关注模型的建立过程和维护模型树和历史树（以创建的时间顺序列出零件的参数特征和约束关系）。直接建模便于模型动态编辑、实时预览。

过程建模（procedural modeling）是一种按照一套既定的生长规则加上随机扰动，随着时间的推移发展，将一颗种子形状不断迭代分裂，不断长出新的枝叶，最终长成独一无二的特定形状的智能造型方法。过程建模中代表性的方法包括用于植物建模的 L 系统（L-systems）、分形（fractal）等。其中，分形研究的是复杂不规则的、支离破碎的形状，如弯弯曲曲的海岸线、起伏不平的山脉、变幻无常的浮云等。按照分形的观点，这些复杂对象虽然全局上看起来杂乱无章，但它们却具有自相似性（self-similarity），即局部的形态放大后与整体的形态是相似的！分形的分数维数（fractional dimension，通常为豪斯多夫维数 Hausdorff dimension）一般大于拓扑维数，用来度量形状复杂性和不规则性的程度。

7.2.6　商业软件系统

实体建模（solid modeling）主要面向工业设计和制造领域，如将一个圆柱体零件和一个正方体零件合并在一起，或在一个球体零件上钻一个方孔。而曲面建模（surface modeling），正如字面意思所揭示的，只考虑形状的表面（内部可认为是个空壳），主要面向影视动漫、游戏娱乐领域（这些领域只要求形状的外表看着逼真就行，内部是空的也没有关系）。

实体建模一般用来设计规则的几何形状，对于不规则的几何形状则有些不太适用。而 3D 打印的特色就在于制造那些独特的不规则形状物体。曲面建模可以胜任复杂、精细的不规则形状，然而其形状内部是空的，无法描述形状内部结构，如复杂精巧的内嵌结构。

目前大多数 3D 设计软件都既可以做实体建模，又可以做曲面建模。因此，最简单的建模方法就是手工使用这些 3D 设计工具，如 SolidWorks、AutoCAD、3DS Max、Maya、Rhino3D、ZBrush 等，像在沙滩上玩沙雕一样堆积、组合、掏空实体，或像裁缝一样将一块曲面反复裁剪、拉伸、变形成最终的形状。

通用全功能 3D 设计软件包括 3DS Max、Maya、Softimage、Rhino、Blender、Lightwave 3D、Form-Z、Poser、ZBrush 等。

3D Studio Max，常简称为 3DS Max 或 MAX，是当今世界上销售量最大的三维建模、动画及渲染软件。在 Windows NT 出现以前，工业级的计算机图形学（Computer Graphics，CG）制作被 SGI 图形工作站所垄断。3D Studio Max＋Windows NT 组合的出现一下子降低了 CG 制作的门槛，3DS Max 可以说是最容易上手的 3D 软件，其最开始应用于计算机游戏中的动画制作，后更进一步开始参与影视片的特效制作，如《X 战警Ⅱ》、《最后的武士》等。

Maya 的应用对象是专业的影视广告、角色动画、电影特技等。Maya 功能完善，工作灵活，易学易用，制作效率高，渲染真实感强，是电影级别的高端制作软件。Maya 集成了 Alias/Wavefront 先进的动画及数字效果技术。它不仅包括一般三维和视觉效果制作的功能，而且还与先进的建模、数字化布料模拟、毛发渲染、运动匹配技术相结合。

Softimage 是动画制作的顶级软件，和同类软件相比其最大的优点是输出质量好，原因是它集成了 Mental Ray 渲染器。Mental Ray 图像软件由于有功能丰富的算法，图像质量优良，成为业界的主流。Softimage XS 第一次将非线性概念引入三维动画创作中。Softimage 曾经长时间垄断好莱坞电影特效的制作，在业界一直以其优秀的角色动画系统闻名。

Rhino（犀牛）是美国 Robert McNeel 公司开发的专业 3D 造型软件，它可以广泛地用于三维动画制作、工业制造、科学研究以及机械设计等领域。它能轻易整合 3DS Max 与 Softimage 的模型功能部分，特别是在创建 NURBS 曲线/曲面方面功能强大，对要求精细、弹性与复杂的 3D NURBS 模型，有点石成金的效能；能输出 OBJ、DXF、IGES、STL、3DM 等不同格式，并适用于几乎所有 3D 软件，尤其对增加整个 3D 工作团队的模型生产力有明显效果。

Blender 更符合创客开源精神，因为它是一款开源的跨平台全能三维动画制作软件，提供从建模、动画、材质、渲染到音频处理、视频剪辑等一系列动画短片制作解决方案；拥有方便在不同工作场合下使用的多种界面。Blender 以 Python 为内建脚本，支持 Yafaray 渲染器，同时还内建游戏引擎，拥有极丰富的功能，强大的快捷键功能能让你事半功倍。

Poser 是一款专门针对三维人体/动物造型及动画制作的软件。Google SketchUp（又名草图大师，分专业版和免费版）直接面向设计过程，以便建筑设计师直接和客户建立快捷的沟通，并能很方便地对构思设想做出及时修改。SketchUp 像使用铅笔一样简便，人人都可以快速上手，并且可以将创建的 3D

模型直接输出（如导出为扩展名为 dae 的 Collada 文件或扩展名为 kmz 的 Google Earth 文件）至 Google Earth 里。除此之外，ZBrush、Autodesk MudBox、3D-Coat 是三款强大的 3D 雕塑软件，使用户在进行 3D 建模时就像捏泥巴那样简单，可以随意地雕刻出极其复杂逼真的细节，比如层层叠叠的皱纹和褶子。

最著名的三个软件（3DS Max、Maya、Softimage）现都已被美国 Autodesk（欧特克）公司纳入囊中，因此，Autodesk 当之无愧地成为 3D 设计行业的王者。

行业性的三维软件包括 CATIA、SolidWorks、Unigraphics（UG）、AutoCAD、MDT、Pro/Engineer（简称 Pro/E，现改名为 Creo）、Cimatron、CAXA、开目 CAD、I-DEAS、SolidEdge、Inventor、中望 3D 等。

CATIA 是法国达索（Dassault System）公司的 CAD/CAE/CAM 一体化软件。20 世纪 70 年代，CATIA 的第一个用户是世界著名的航空航天企业 Dassault Aviation，该企业以设计幻影 2000 和阵风战斗机最为著名。CATIA 源于航空航天业，但其强大的功能已得到各行业的认可，在欧洲汽车业，已成为事实上的标准。典型案例从大型的波音 747 飞机、火箭发动机到化妆品的包装盒，几乎涵盖了所有的制造业产品。CATIA 的著名用户包括波音、克莱斯勒、宝马、奔驰等一大批知名企业。波音飞机公司使用 CATIA 完成了整架波音 777 的电子装配，创造了业界的一个奇迹。

SolidWorks 现也属于法国达索（Dassault System）公司，是面向中端主流市场的机械设计软件。SolidWorks 是基于 Windows 平台的全参数化特征造型软件，具有复杂三维零件实体造型、装配和生成工程图的功能。图形界面友好，用户上手快。该软件可用于以规则几何形体为主的机械产品设计，其价位适中。

Unigraphics（简称 UG，现改名为 NX）目前属于 Siemens 公司。在 UG 中，优越的参数化和变量化技术与传统的实体、线框和表面功能结合在一起。UG 最早应用于美国麦道飞机公司。它是从二维绘图、数控加工编程、曲面造型等功能发展起来的软件。后来，美国通用汽车公司选中 UG 作为全公司的 CAD/CAE/CAM/CIM 主导系统，这进一步推动了 UG 的发展。

AutoCAD 是 Autodesk 公司的主导产品。Autodesk 公司是世界第四大 PC 软件公司。目前在 CAD/CAE/CAM 工业领域内，该公司是全球规模最大的基于 PC 平台的 CAD 和动画及可视化软件企业。AutoCAD 是当今最流行的二维绘图软件，它在二维绘图领域拥有广泛的用户群。AutoCAD 具有强大的二维功能，如绘图、编辑、剖面线和图案绘制、尺寸标注以及二次开发等，同时也有部分三维功能。

MDT 是 Autodesk 公司在 PC 平台上开发的三维机械 CAD 系统。MDT 以三维设计为基础，集设计、分析、制造以及文档管理等多种功能为一体，为用户提供了从设计到制造一体化的解决方案。该软件的推出受到广大用户的普遍欢迎。由于 MDT 与 AutoCAD 同时出自 Autodesk 公司，因此两者完全融为一体，用户可以方便地实现三维向二维的转换。

Pro/Engineer（简称 Pro/E，现改名为 Creo）是美国参数技术公司（Parametric Technology Corporation，简称 PTC）的产品。PTC 公司提出的参数化、基于特征、全相关的概念改变了机械 CAD/CAE/CAM 的传统观念，这种概念已成为了标准。利用该概念开发出来的 Pro/Engineer 软件能将设计至生产全过程集成到一起，让所有的用户能够同时进行同一产品的设计制造工作，即实现所谓的并行工程。PTC 近年又推出了 Creo，用直接建模的全新概念逐步取代 Pro/E 的参数化建模。

Cimatron 系统是以色列 Cimatron 公司的 CAD/CAE/CAM 产品。该系统提供了比较灵活的用户界面，优良的三维造型、工程绘图，全面的数控加工，各种通用、专用数据接口以及集成化的产品数据管理。Cimatron 系统备受国际模具制造业的欢迎，在我国制鞋领域广泛应用。

CAXA 电子图板是我国国产 CAD 软件，由北京数码大方科技股份有限公司（原北京航空航天大学华正软件研究所）研发。该公司是从事 CAD/CAE/CAM 软件与工程服务的专业化公司。CAXA 电子图板是一套高效、方便、智能化的通用中文设计绘图软件，可帮助设计人员进行零件图、装配图、工艺图表、平面包装的设计，对我国的机械国家标准贯彻得比较全面。

开目 CAD 是武汉开目信息技术有限责任公司开发的具有自主版权的 CAD 和图纸管理软件，它面向工程实际，操作简便，机械绘图效率高，符合我国设计人员的习惯。开目 CAD 支持多种几何约束种类及多视图同时驱动，具有局部参数化的功能，能够处理设计中的过约束和欠约束的情况。

上述常用商业软件各具特点，具体详见表 7.1。

表 7.1 各种商业建模软件比较

软件名称	特点	备注
Maya	Maya 是高端 3D 软件,用户界面较人性化;其主要应用于动画片制作、电影制作、电视栏目包装、电视广告、游戏动画制作等;Maya 的 CG 功能十分全面,包括建模、粒子系统、毛发生成、植物创建、衣料仿真等;Maya 主要是为影视应用而研发的	通用全功能 3D 设计软件
3DS Max	3DS Max 是中端软件,易学易用,但在角色动画、运动学模拟等高级应用方面不强大;3DS Max 软件主要用于动画片制作、游戏动画制作、建筑效果图、建筑动画等。3DS Max 属于普及型三维软件	
Softimage	Softimage 是面向高端三维影视市场的旗舰产品,Softimage-XSI 最适合具有中到大型制作团队的公司级用户。如果团队具备技术指导、建模师、动画师等合作工作的环境,Softimage-XSI 可以让所有的项目合作者在同一时间共同工作在一个场景当中	

续表

软件名称	特点	备注
SolidWorks	设计和出图的速度快,SolidWorks 兼容了中国国标,可以直接提取一些标准件和图框,不需要安装外挂	行业性三维软件
Pro/E	中端三维软件,其界面简单,操作快速。Pro/E 的参数化建模在曲面建模时具有很大的曲线自由度,但同时也不容易很好地控制曲线。Pro/E 在装配设计方面也有长处,草图功能非 UG 所能比	
UG	UG 属于高端三维软件,功能强大,集设计、加工、编程及分析于一体,尤其在模具及加工编程方面比较突出。UG 的一大特点就是混合建模(参数化建模和非参数化建模混合操作)。UG 的建模灵活,其混合建模功能强大,很多实体线条等都不必基于草图,中途可任意去参,无参修改相当方便	
Catia	功能强大,已成为欧洲汽车行业事实上的标准	

上述三维专业设计软件功能强大,但是价格不菲。下面介绍几款基于 WebGL 的轻量级 3D 设计工具,其特点是无须安装,直接在 IE 网页浏览器中就可运行,而且是免费的。

Autodesk Tinkercad 是一个基于 WebGL 的实体建模(solid modeling)网页应用,建模功能非常简单,仅支持几种基本几何体(如立方体、圆柱体等)以及基本几何体之间的布尔运算(如从一个立方体中间掏空一个圆柱体)。

3DTin 也是一款使用 WebGL 技术开发的 3D 建模工具,可以在浏览器中创建 3D 模型。模型可以保存在云端或者导出为标准的 3D 文件格式,如 Obj 或 Collada 格式。

此外,还有一些免费的 3D 软件,如 Google SketchUp 免费版、Autodesk 123D、OpenSCAD、Art of Illusion、Sculptris、MakeHuman 等,操作会稍微复杂一些,同时还需要在计算机上安装。这些软件主要以功能的独特性来吸引用户,如 Sculptris 是一款免费的 3D 雕刻软件,小巧实用,用户可以像玩橡皮泥一样通过拉、捏、推、扭等来设计形状;MakeHuman 是一款专门针对人物制作、人体建模的 3D 软件,其亮点是可以让用户设计身体和面部细节,保持肌肉运动的逼真度。

7.3　三维数字化逆向建模

7.3.1　基本概念

逆向工程(Reverse engineering,RE),也称反求工程、反向工程等,是将已存在的产品转化为工程设计模型和概念模型,并进行解剖、深化和再创造,是在已有设计基础上的再设计。逆向建模则是采用逆向工程技术从实际物体直接转换为几何模型的建模过程。

研发人员通过扫描产品实物获得点云数据，通过逆向重构软件可迅速获得三维数字化模型，并以此为基础，借助正向 CAD 软件加入新的设计特征，之后通过 CAM 系统、快速成型等加工手段生产出一款新产品，这样大大节省了研发人员的设计时间，提高了工作效率。整个设计流程如图 7.7 所示。

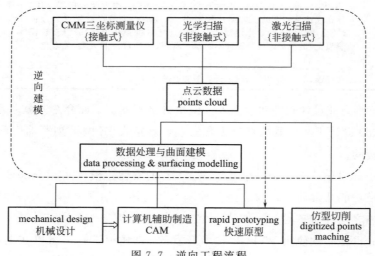

图 7.7　逆向工程流程

常用的逆向工程软件包括 Imageware、Geomagic Studio、Copy CAD、Rapid Form 等。

Imageware 是由美国 EDS 公司推出的最著名的逆向工程软件，被广泛用于汽车、航空、航天、消费家电、模具、计算机零部件等设计与制造领域，该软件具有强大的测量数据处理、曲面造型、误差检测等功能，具有良好的品质和曲面连续性。

Geomagic Studio 是由美国 Raindrop（雨滴）公司推出的逆向工程和三维检测软件。该软件可轻易地从扫描所得的点云数据创建出完美的多边形模型和网格，并可自动转换为 NURBS 曲面，是除了 Imageware 以外应用最广泛的逆向工程软件。

CopyCAD 是英国 DELCAM 公司推出的功能强大的逆向工程系统软件，该软件可从已存在的零件或实体模型中产生三维 CAD 模型，可识别来自坐标测量机床的数据。

RapidForm 是韩国 INUS 公司推出的逆向工程软件，该软件提供了新一代运算模式，可实时地通过点云数据运算出无接缝的多边形网格曲面，是三维扫描后处理的最佳接口，其主要优势包括多点云数据管理、多点云处理技术、多边形网格曲面转换计算方法、彩色点云数据处理及点云合并等。

此外，CAD/CAM 系统也有类似模块，如 UG 的 Unigrahics、ProE 的 Pro/SCAM、Cimatron90 的 PointCloud 等。

逆向工程的关键技术包括数据采集、数据预处理、曲面重构等，下面几小节将详细介绍。

7.3.2　数据采集

获取高质量的物体表面数据是生成精确几何模型的基础。数据采集是指通过特定的测量设备和测量方法获取零件表面的几何坐标数据。目前，数据采集的方法主要包括接触式和非接触式数据采集方法，如图 7.8 所示。

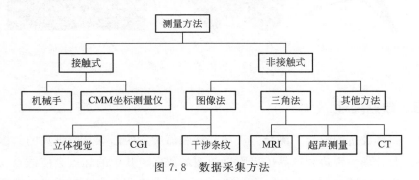

图 7.8　数据采集方法

接触式测量法是通过实际触碰物体表面的方式计算深度，典型的测量设备包括三坐标测量仪和铣削式测量机，如图 7.9 所示。接触式测量仪精度很高，对物体表面的颜色、反射特性无要求；但缺点是逐点测量速度慢且被测物有被探头破坏损毁的可能，因此不适用于高价值对象，如古文物、遗迹等。

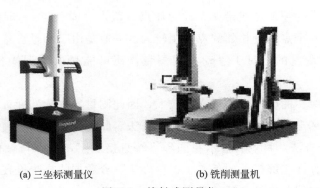

(a) 三坐标测量仪　　　　　(b) 铣削测量机

图 7.9　接触式测量仪

非接触式测量法又分为图像法、三角法等。典型的扫描设备包括结构光栅三维扫描仪（也称拍照式三维扫描仪）、激光扫描仪和 CT 断层扫描仪，如图 7.10 所示。光栅三维扫描又分白光扫描或蓝光扫描等，激光扫描仪又有点激光、线激光、面激光的区别。非接触式三维扫描仪由于采用逐线或逐面大范围扫描，所以扫描速度快而且精度高，但无法测量被遮挡的几何特征，此外，由于要接收物体对光的反射，所以对零件表面的反光程度、颜色有要求（解决办法是可在表面喷涂白色显像剂），还容易受环境光线及散射光的影响。

(a) 结构光栅三维扫描仪　　　　(b) 激光扫描仪　　　　(c) CT断层扫描仪

图 7.10　非接触式扫描仪

7.3.3　数据处理

由于测量设备的缺陷、测量方法和零件表面质量的影响，所采集的数据均存在误差，尤其是尖锐边和产品边界附近的测量数据，其中的坏点会使该点及其周围的曲面片偏离原曲面。另外，由于激光扫描的应用，曲面测量会产生海量的数据点，因此在造型之前应对数据进行精简。

数据预处理主要包括坏点去除、点云精简、数据插补、数据平滑、数据分割等。

（1）坏点去除

数据中存在的超差点或错误点称为坏点（跳点、噪声点），即同一截面的扫描数据中存在一个点与其相邻的点偏距较大。一般是由于测量设备的标定参数或测量环境变化造成的，对于手动人工测量，还可能是由于误操作使测量数据失真。

坏点对曲线、曲面的光顺性影响较大，因此测量数据预处理首先就是要去除数据点集中的坏点。常用方法包括直观检查法、曲线检查法、弦高差法。

① 直观检查法　将点云显示在图形终端直接观察，剔除与截面数据点集偏离较大的点或存在于屏幕上的孤点。这种方法适合数据的初步检查，可从数据点集中筛选出一些偏差比较大的异常点。

② 曲线检查法　通过截面数据的首末数据点，用最小二乘法拟合得到一条

曲线，曲线的阶次可根据曲面截面形状设定，通常为 3～4，然后分别计算中间数据点到样条曲线的欧氏距离，如果超出给定的允差，则认为是坏点，应该剔除，如图 7.11 所示。

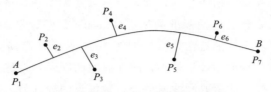

图 7.11　曲线检查法去除坏点示意图

③ 弦高差法　连接待检查点前后两个点，计算该点到弦的距离，如果距离超出给定的允差，则认为是坏点，应该剔除，详见图 7.12。这种方法适合于测量点均布且较密集的场合，特别是在曲率变化较大的位置。

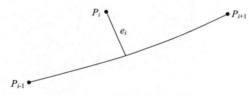

图 7.12　弦高差法去除坏点

（2）数据插补

对于一些测量不到的区域，会造成数据空白现象，这会使逆向建模变得困难，需要通过数据插补的方法来补齐缺失数据。目前用于逆向工程的数据插补方法或技术主要有实物填充法、造型设计法和曲线、曲面插值补充法。

① 实物填充法　在测量之前，将凹边、孔、槽等区域用一种填充物填充好，要求填充表面平滑、与周围区域光滑连接。填充物要求有一定的可塑性，在常温下则要求有一定的刚度特性以支持接触探头。实际应用中，可以采用生石膏加水后将孔或槽的缺口补好，在短时间内固化，等其表面较硬时就可以开始测量。测量完毕后，将填充物去除，再测出孔或槽的边界，用来确定剪裁边界。

② 造型设计法　造型设计法是当实物缺口区域难以用实物填充时，可以在模型重建过程中运用 CAD 软件或逆向造型软件的曲面编辑功能，根据实物外形曲面的几何特征，设计出相应的曲面，再通过剪裁得到需插补的曲面。

③ 曲线、曲面插值补充法　曲线、曲面插值补充法主要用于插补区域面积不大、周围数据信息完善的场合。其中曲线插补主要用于具有规则数据点或采用截面扫描测量的曲面，而曲面插补既适用于规则数据点又适用于散乱点。

（3）数据平滑

由于在数据测量过程中受到各种人为和随机因素的影响，使测量结果包含噪声，为了降低或消除噪声对后续建模质量的影响，需要对数据进行平滑滤波。

数据平滑主要针对扫描线数据，如果数据点是无序的，将影响平滑的效果。

通常采用的滤波算法包括标准高斯（Gaussian）法、平均（averaging）法、中值（median）法和平均滤波法，具体如图 7.13 所示。高斯滤波器在指定域内的权重为高斯分布，其平均效果较小，故在滤波的同时能较好地保持原数据的形貌。平均滤波器采样点的值取滤波窗口内各数据点的统计值，这种滤波器消除数据毛刺的效果很好。实际使用时，可根据点云质量和后续建模要求灵活选择滤波算法。

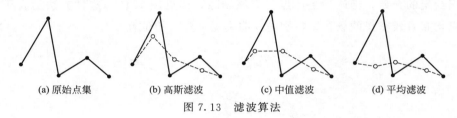

(a) 原始点集   (b) 高斯滤波   (c) 中值滤波   (d) 平均滤波

图 7.13   滤波算法

（4）数据精简

测量数据过密不但会影响曲面的重构速度，而且在重构曲面的曲率较小处还会影响曲面的光顺性。因此，为提高高密度数据点云在曲面重构时的效率和质量，需要按一定要求精简测量点的数量。不同类型的点云可以采用不同的精简方式。散乱数据点云可以通过随机采样的方法来精简；对于扫描线点云和高密度的点云，可采用等间距缩减、倍率缩减、等量缩减等方法；网格化点云可采用等分布密度法和最小包围区域法进行数据精简。

（5）数据分割

实际产品只由一张曲面构成的情况不多，往往由多张曲面混合而成。数据分割是根据组成实物外形曲面的子曲面类型，将属于同一子曲面类型的数据成组，将全部数据划分为特征单一、互不重叠的区域，后续的曲面模型重建时，先分别拟合单个曲面片，再通过曲面的过渡、相交、裁剪、倒圆等手段，将多个曲面缝合成一个整体，即重建模型。

数据分割方法分为基于测量的分割和自动分割两种方法。

① 基于测量的分割法   在测量过程中，操作人员根据实物的外形特征，将外形曲面划分成不同的子曲面，并对曲面的轮廓、孔、槽边界、表面脊线等特征进行标记。在此基础上，进行测量路径规划，这样不同的曲面特征数据将保存在不同的文件中。输入 CAD 软件时，可以实现对不同数据类型的分层处理及显

示，为造型提供极大的方便。这种方法适合于曲面特征比较明显的实物外形和接触式测量，操作者的水平和经验将对结果产生直接影响。

② 自动分割方法　包括基于边的方法、基于面的方法、基于群簇的方法。基于边的方法是根据数据点的局部几何特性在点集中检测边界点，连接边界点形成边界环，根据检测的边界将整个数据集分割为独立的多个点集。该方法计算量大，计算过程复杂。基于面的方法是根据指定的曲面方程拟合数据点集，此过程是个迭代的过程，可以分为自底向上、自顶向下两种。自底向上是从一些种子点开始，按某种规则不断加进周围点。该方法的关键在于种子的选择和扩充策略。自顶向下法是假设所有点属于同一个面，拟合过程中误差超出要求时，则把原集合分为两个子集，一般采用直线分制，此类方法实际使用较少。群簇方法是通过群簇技术把局部几何特征参数相似的数据点聚集为一类，但聚类方法需要预先指定分类的个数，容易出现细碎面片，往往要对碎片进一步处理。

7.3.4　曲面重构

曲面重构是利用产品表面的点云数据进行曲面拟合，然后通过点线面的求交、拼接、匹配，连接成光滑曲面，构建一个近似模型来逼近产品原型的过程，是逆向工程中最重要和最复杂的一个阶段。

依据曲面的描述形式，曲面可以分为代数曲面和参数曲面两类，由于代数曲面在描述复杂形体时有很大的局限性，因此在计算机三维数字化模型中大量采用参数曲面的描述方式。根据曲面拓扑形式的不同，自由曲面建模手段分为两大类：①以三角 Bezier 曲面为基础的曲面构造方法；②以 B-Spline 曲面或 NURBS（非均匀有理 B 样条）曲线、曲面为基础的矩形域参数曲面拟合方法，目前通用的 CAD/CAM 系统大都采用这种曲面构建方法。

目前，根据不同的标准，成熟的模型重构方法可以分为以下几种。

① 按数据类型分为有序点和散乱点的重构；

② 按测量机的类型分为基于 CMM、激光点云、CT 数据和光学测量数据的重构；

③ 按造型方式分为基于曲线的模型重构和基于曲面的直接拟合；

④ 按曲面表示方法可分为边界表示、四边 B 样条表示、三角面片和三角网格表示的模型重构等。

模型重构之前应了解模型的前期信息和后续应用要求，以选择正确有效的造型方法、支持软件、模型精度和模型质量。重构的前期信息包括实物样件的几何特征、数据特点等；后续应用包括结构分析、加工、制作模具、快速原型等，这些应用都不同程度地要求重构的 CAD 模型能准确还原实物样件。整个环节工作量大、技术性强，同时受设备硬件和操作者两个因素的影响。

7.3.5　坐标配准

在实际工程应用中，三维测量方法主要有三坐标测量、激光扫描、光栅投影以及数字照相等，这些方法的一个共同缺点就是不能通过一次定位获取待测物所有表面的数据点信息，其原因主要有以下两点：①测量设备都有一定的测量范围限制，对于尺寸较大的物体无法一次定位测量，必须进行分块测量；②采用光学三维测量技术时，一些表面是不可见的（如腔体类零件的反面和复杂零件表面之间的遮挡等）。这样就需要从不同角度进行多次测量，然后对测得的各部分点云进行重新定位和数据拼合，生成一个统一坐标系下的三维数据点集，最后通过模型重建方法建立物体的三维模型。

对于完整的点云，所有的点坐标都与待测物固结在一个参考系下。但在实际测量过程中，待测物与测量系统之间会发生多次相对移动，而通过测量系统获得的点云都是在视觉坐标系（摄像机坐标系）下获得的，因此最终获取的是多组在视觉坐标系中经过平移和旋转的局部点云数据。点云拼合过程就是将多组点云变换到与待测物固结的某个参考坐标系中，最终归结为刚体坐标变换问题。

7.3.6　误差分析

影响误差的主要要素有以下四个。

（1）产品原型误差

由于逆向工程是根据实物原型来重构模型的，但原产品在制造时会存在制造误差，使实物几何尺寸和设计参数之间存在偏差，如果原型是使用过的还存在磨损误差。原型误差一般较小，其大小一般在原设计的尺寸公差范围内。

（2）数据采集误差

测量误差包括测量设备系统误差、测量人员视觉和操作误差、产品变形误差和测头半径补偿误差等。测量误差和设备环境、测量人员的经验等有关。

（3）曲面重构时产生的误差

主要是在逆向工程软件中进行模型重构时曲线、曲面的拟合误差，目前的软件常采用最小二乘法逼近来进行样条曲线、曲面拟合，因此，存在一个允差大小控制问题。

（4）模型配准误差

在模型配准过程中，为保证轮廓边界的贴合和共线，配合零件的测量边界轮廓必须调整为一条配合线，这样对配合零件表面造型时会带来误差，为减小误差，轮廓线测量和曲线拟合时要求精确。数据匹配就是实现测量数据和被测物设计模型的坐标配准，其匹配精度直接影响后续整体误差结果的可靠性。

整体误差分析是指计算、分析各产品测量数据与设计模型的最大误差、平均误差及关键特征参数的误差，为后续设计及加工工艺改进提供具体的量化参考数据。根据实体模型，测量实体的轮廓尺寸并与图纸给出的轮廓尺寸对比分析。

7.4 三维模型的近似处理

由正向或逆向建模方法获得的三维模型必须转换为快速成型系统可以接受的数据格式才可以进行后续处理。目前，快速成型系统可以接受的数据接口格式包括 STL、IGES、STEP、CLI、CT 等，其中 STL 格式是目前快速成型系统普遍采用的数据接口，下面主要介绍 STL 文件格式及其近似处理方法。

7.4.1 STL 文件格式

STL（STereo Lithography）文件格式是由 3D Systems 公司的创始人查尔斯哈尔（Charles W. Hull）于 1988 年开发的，当时主要针对光固化立体成型（Stereo Lithograph）工艺，现已成为全世界 CAD/CAM 系统接口文件格式的工业标准，是 3D 打印机支持的最常见的 3D 文件。

STL 文件格式实质是用小三角形面片逼近三维实体的自由曲面，每个三角形面片的描述包括三角形各个顶点的三维坐标及三角形面片的法向量。

STL 文件格式具有简单清晰、易于理解、容易生成及易于分割等优点。STL 文件分层处理只涉及平面与一次曲线求交，分层算法相对简单。此外，还可以很方便地控制 STL 模型的输出精度。

STL 文件包括两种：①ASCII 文本格式（可读性好，可直接阅读）；②二进制格式（占用磁盘空间小，为 ASCII 文本格式的 1/6 左右，但可读性差）。

(1) STL 的 ASCII 文本格式

ASCII 文本格式的 STL 文件逐行给出三角形面片的几何信息，每一行以 1 个或 2 个关键字开头。整个 STL 文件的首行给出了文件路径及文件名。STL 三维模型由一系列三角形面片构成。每一个三角形面片（facet）由 7 行数据组成，facet normal 是三角形面片的法线方向，out loop 说明随后的 3 行数据分别是三角形面片的 3 个顶点坐标，这 3 个顶点沿指向模型外部的法线方向逆时针排列（遵循右手法则）。

ASCII 文本格式的 STL 文件结构如下。

```
solid objectname            //物体名
facet normal x y z          //三角形面片法向量的三个分量值
```

```
outer loop
vertex x y z                       //三角形面片第 1 个顶点坐标
vertex x y z                       //三角形面片第 2 个顶点坐标
vertex x y z                       //三角形面片第 3 个顶点坐标
endloop
endfacet                           //完成一个三角形面片定义
──────────

endsolid objectname                //整个 STL 文件定义结束
```

（2）STL 的二进制格式

二进制格式的 STL 文件结构如下。

```
UINT8[80]                          //文件头信息
UINT32                             //面片数目
foreach triangle
REAL32[3]                          //某个面片的法向量
REAL32[3]                          //某个面片第 1 个顶点
    REAL32 [3]                     //某个面片第 2 个顶点
    REAL32 [3]                     //某个面片第 3 个顶点
    UINT16                         //某个面片的 16 位整数型属性字,一般为 0,无特别含义
End
```

STL 文件格式必须遵循以下基本原则。

① 共用顶点原则   STL 文件中每一个小三角形的形面必须与相邻的小三角形形面共用两个顶点。

② 取向规则   STL 文件中每个小三角形形面法线矢量根据右手法则和顶点排序确定。

③ 取值规则   STL 文件格式的每一个三角形形面的顶点坐标值必须为正值。

④ 充满原则   STL 文件格式的模型所有表面都必须布满小三角形面片，否则必须进行破面修补。

STL 文件只能描述三维物体的表面几何信息，不支持颜色、材质等信息（而另一种常见的 PLY 文件格式就可以支持彩色纹理），也无法表达形状内部的中空结构。此外，STL 文件中三角形数量的多少将直接影响模型的成型精度。

因此，2011 年 7 月，美国材料与实验学会（ASTM）发布了一种基于 XML（可扩展标记语言）的快速成型文件 AMF（Additive Manufacturing File）格式。与 STL 文件格式相比，AMF 格式可处理不同类型的材料、不同颜色、曲面三角形以及复杂的内部中空结构。与 STL 采用的平面三角形相比，曲面三角形可以更准确、更简洁地描述曲面。

目前，仍需要在 STL 文件的错误检测与修复、STL 文件模型的拓扑重建、STL 文件模型的分割、STL 模型的分层处理（等层厚及变层厚）、基于 STL 文件的三维模型分层方向优化、基于 STL 文件的支撑生成与优化和基于 STL 文件的层片扫描路径的生成及优化等方面做进一步深入研究。

7.4.2　STL 文件的转换

利用正向和逆向建模获得的三维数字化模型均需要转换为 STL 文件格式，最佳转换方法见表 7.2。

表 7.2　常用软件的 STL 文件转换方法

软件	转换方法
AutoCAD	命令行输入"Faceters"|设定 FACETERS 值为 1～10 之间的数值（值越大精度越高）|在命令行输入命令"STLOUT"|选择实体|选择"Y"，输出二进制 STL 文件
I-DEAS	File|Export|Rapid Prototype File|选择输出的模型|Select Prototype Device|SLA500. dat|设定 absolute facet deviation（面片精度）为 0.000395|选择 Binary（二进制）
Inventor	Save Copy As|选择 STL 类型|选择 Options，设定为 High
Pro/E	File|Export|Model（或者 File|Save a Copy|选择 ∗ . stl）|设定弦高为 0|设定 Angle Control 为 1
Wilefire	File|Save a Copy|Model|选择文件类型为 STL（ ∗ . stl）|设定弦高为 0|设定 Angle Control 为 1
Rhino	File|Save As
SolidEdge	File|Save As|选择文件类型为 STL|Options：设定 Conversion Tolerance 为 0.00 或 0.0254mm，设定 Surface Plane Angle 为 45°
SolidWorks	File|Save As|选择文件类型为 STL|Options|Resolution|Fine
Unigraphics	File|Export|Rapid Prototyping|设定类型为 Binary|设定 Triangle Tolerance 为 0.0025，Adjacency Tolerance 为 0.12，Auto Normal Gen 为 On，Normal Display 为 Off，Triangle Display 为 On

7.4.3　模型的检验与修补

实际应用中对 STL 模型数据是有要求的，为了保证快速成型顺利进行，STL 模型文件必须通过检验和修补。

检验主要包括 STL 模型数据的有效性和封闭性检查两方面。有效性检查模型是否存在裂隙、孤立边等几何缺陷；封闭性则要求所有 STL 三角形围成一个内外封闭的几何体，具体包括模型的水密性（watertight）、流形（manifold）、切片（slice）与横切面、层厚度（layer thickness）、支撑材料（support material）等。

（1）水密性

水密性，即密封性，就是"不漏水的"，这就要求模型上不能有孔洞。一般可以采用软件（如 AccuTrans）自动查找这些小孔。

（2）流形

所谓流形（manifold）就是局部具有欧几里得空间性质的空间。地球球面就是一个二维流形。如果一个网格模型中存在多个（3个或以上）面共用一条边，那么它就是非流形的（Non-manifold），因为这个局部区域由于自相交而无法展开为一个平面了。

（3）切片与层厚

快速成型前需要对三维数字化模型进行"切片"（slice），生成一系列横切面组成的 Gcode 数字化文件。切片的厚度与切片方向是切片过程中两个非常重要的参数。

切片的厚度实际上就是成型机支持的单层厚度（比如 0.1mm）。常见的切片软件引擎有 CuraEngine（Ultimaker）、Skeinforge、Slic3r、MakerBot Slicer（MakerBot）、SFACT、KISSlicer 等。不同的成型工艺有各自的规格限制，其中，每层的厚度（layer thickness）要求均不一样。如果设计中存在精细到 0.01mm 的细节，而成型机的精度只有 0.1mm，那么成型机会自动忽略它。

切层方向是影响原型制作精度、强度、制作成本、时间及制作过程所需支撑的重要因素。成型设备在 STL 数据模型切片时一般不考虑零件上的一些特殊结构特征，但当这些特殊结构表面中的三角形面片数量对零件的使用性能有很大影响时，需要重点考虑。因此，切片方向选择的原则为：针对 STL 模型，首先建立模型中的三角形拓扑关系；提取出 STL 数据所表达的几何模型中的典型结构特征；获取零件的结构特征后，可根据特征直接选定成型方向，也可以把结构特征等重要因素融入整体优化的模型制作中，确定出最佳切片方向。

（4）支撑材料

对于形状上的悬垂或中空结构及任何超过 45°的突出物一般都会使用支撑材料来保证模型不会在成型过程中坍塌掉。支撑材料一般都比较容易去除，成本通常比模型材料便宜一些，有时也可直接采用模型材料作为支撑材料。

目前，修补往往通过一些专业软件完成，如比利时的 Materialise N. V. 公司开发的 Magics 软件、美国 Imageware Copy 开发的 Rapid Prototyping Module 软件等。其中，Magics 软件具备完整的 STL 文件修补方案，可以全自动对整个三维模型进行修复，也可以通过人工交互的方式进行模型局部的修复。修复方法如下。

① 通过多角度观察 STL 文件所表达的模型内外结构获得正确的截面轮廓

形状；

②　测量 STL 文件所表达的模型中的点到点、线到线、弧到弧等的距离；

③　对 STL 文件进行复制、分割、镜射、缩放、减少三角形数量等变换；

④　调整 STL 文件所表示模型曲面的法线方向、缝合或填充裂缝等；

⑤　通过人机交互形成最佳的适合原型的支撑结构。

本章习题

1. 逆向建模的关键技术是什么？

2. 参数化造型的主要思想？

3. 变量化造型的关键技术？与参数化造型技术相比，变量化造型技术有何优点？

4. 快速成型前为什么需要对三维模型进行近似处理？

第 *8* 章
三维数字化快速成型
技术与实践

8.1 概述

快速成型是一种自由成型的逐层制造技术，根据成型材料、每层生成方式、层层之间粘接方式等的不同，数字化快速成型拥有不同的加工技术，至今已有 30 多种，目前仍在继续发展。

数字化快速成型采用的主要工艺包括挤压、烧结/黏结、层压、光刻、聚合，根据工艺的不同，分为熔融沉积成型（FDM）、直接金属激光烧结（DMLS）、电子束熔化（EBM）、选择性激光烧结（SLS）、选择性热烧结（SHS）、粉末层和喷头 3D 打印（3DP）、分层实体制造（LOM）、立体光刻（SLA）、数字光处理（DLP）等，典型快速成型技术的具体性能特点见表 8.1。

表 8.1 典型快速成型技术的性能特点

名称	技术原理	优点	缺点
熔融沉积技术(FDM)	材料经过高温液态化，通过喷嘴挤压出小的球状颗粒，这些颗粒在立体空间排列组合形成实物。采用的材料主要有蜡、ABS、PC、PPSF、尼龙、PLA 等热塑性塑料、共晶系统金属和可食用材料	成型原理简单，成本低	成型时间较长，不适宜制作精细件
立体光刻(SLA)	液体槽中盛满液态光敏树脂，在特定波长的紫外光照射下发生聚合反应而固化。聚焦光点在液面上按照打印系统扫描路径扫描，将液态树脂固化并与托板粘接在一起，再将托板下降一层的距离，重复进行上面的过程	尺寸精度高，可达 0.1mm；表面质量较好，可构建复杂结构的产品，可直接制作面向熔模精密铸造的中空的蜡模	原型制件外形尺寸稳定性差，会出现翘曲变形；需要设计支撑结构；成本高；可使用 SLA 的材料种类较少，主要为液态树脂，具有气味和毒性；成型件需要二次固化；成型件不便于进行机械加工

续表

名称	技术原理	优点	缺点
选择性激光烧结(SLS)	烧结是从粉末变固态物体的过程,SLS使用一个高功率脉冲激光在所需的横截面上"绘制",将很小的材料粒子融合成团块,形成所需要的三维形状,然后每扫描一个粉末层,工作平台就下降一个层的厚度,逐层形成三维形体	粉末可以是金属、塑料、陶瓷、玻璃、绿砂等。不要求支撑结构,材料利用率高,适合做大型实体件	成型件强度和表面质量较差,精度低;后处理工艺复杂;难以保证制件的尺寸精度,设备价格昂贵
分层实体制造技术(LOM)	将背面带有热熔胶的片材推送到构建平台上,加热辊施加压力将片材黏结到下一层上,控制系统根据轮廓控制激光器进行层面切割,并在每层成型完毕后,降低一个材料厚度,逐层堆积,直到部件制造完成	不需支撑结构,原材料价格便宜,铺层及叠层切割过程较快,成型效率高,无须后固化处理	工件中叠层方向上的抗拉强度和弹性不好;废料需要人工剥离;工件表面需要打磨以消除台阶纹
三维印刷技术(3DP)	该技术利用喷头喷黏结剂,选择性地黏结粉末成型	成型速度快,成型精度和表面质量高,适合做小型制件或精细件	成型件强度较差,需要后处理,如上胶固化;成型材料有限,不适宜做功能性制件
直接金属激光烧结(DMLS)	采用金属粉末,通过使用局部聚焦激光光束使其"焊接",通过层层堆积形成三维物体	成型精度高,层厚约 $200\mu m$	价格昂贵

下面将分别对这些技术进行介绍。

8.2　熔融沉积成型技术

熔融沉积成型（Fused Deposition Modeling, FDM），又称熔化堆积法、熔融挤出成模、熔丝成型等。FDM 技术是采用热熔喷头使半流动状态的材料按 CAD 分层数据控制的路径挤压并沉积在指定的位置凝固成型,逐层沉积、凝固后形成整个原型或零件。该技术由美国 Stratasys 公司在 20 世纪 90 年代首次推出,并在 1999 年开发出水溶性支撑材料,后被广泛应用于快速成型的各行业中。

8.2.1　FDM 成型原理与系统组成

FDM 技术原理如图 8.1(a) 所示,丝状热塑性材料（如石蜡、低熔点合金丝、ABS、蜡、尼龙丝等）（直径约 2mm）由供丝机构送至给丝头（喷头）,并在喷头中加热至熔融态,加热喷头在计算机的控制下,可根据截面轮廓信息,在 x-y 平面内进行二维扫描运动,将熔融材料涂覆在工作台上。对于某些复杂零件,随着层高度的增加,层片轮廓面积和形状都会发生一些变化,当形状有较大变化时,上层轮廓无法为当前轮廓提供足够的定位和支撑作用,此时需要设计一

些辅助结构，即所谓的支撑。为了节省材料成本和提高制作效率，新型的 FDM
设备采用双喷头，一个喷头用于成型零件，另一个喷头用于成型支撑。这样，将
成型材料与支撑材料有选择性地铺覆在工作台上，快速冷却后形成一层截面轮
廓，一层截面完成后，成型工作台下降一个层厚，再进行下一层的涂覆。如此循
环，最终形成三维产品。

FDM 成型设备如图 8.1(b)、(c) 所示。

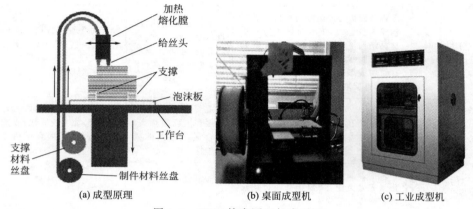

(a) 成型原理   (b) 桌面成型机   (c) 工业成型机

图 8.1   FDM 技术原理与成型机

FDM 系统由软件部分、运动部分、喷头装置、成型室、材料室和控制室等
单元组成。软件部分主要进行产品的三维数字化模型构建、STL 数据的校验与
修复、层片文件的设置与生成、填充线计算、成型机的控制等。运动部分完成扫
描和升降动作。喷头装置是影响机器性能的关键装置，FDM 喷头包括丝材送进
和加热两个功能。喷头的主要部分是缸体，成型材料在缸内受热熔融，在活塞的
压力作用下挤出喷嘴。目前，丝材送进方式包括摩擦轮推送、螺旋挤压和活塞挤
压，如图 8.2 所示。

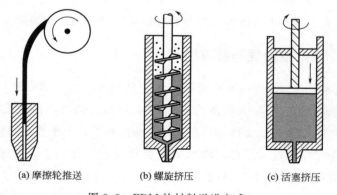

(a) 摩擦轮推送   (b) 螺旋挤压   (c) 活塞挤压

图 8.2   FDM 的材料送进方式

8.2.2 FDM 成型过程

FDM 的成型工艺具体步骤如下。

① 产品 CAD 数字模型的构建与校验。采用正向或逆向建模方法获得产品的数字化模型，然后转换为快速成型设备可以接受的 STL 文件格式。构建的 CAD 模型是否适合快速成型需要在专用软件中载入模型，并进行 STL 文件的校验与修复，以检查 STL 模型是否有裂缝、空洞、悬面、重叠面、交叉面等，避免造成分层后的错误。

② 摆放方位的确定。分层之前先调整好模型的摆放方位，方位影响模型成型后的表面精度、强度、支撑结构、成型时间等。一般大平面朝下，尺寸最小方向为叠层方向等。

③ 成型参数设置。设定成型温度、喷嘴温度、安装成型和支撑材料等成型参数，进行数据分层处理。分层层厚和参数影响成型件的表面质量和成型时间，因此，分层是前处理中比较重要的步骤。分层参数的确定实质是对加工路径的规划、层厚设定和支撑材料的施加过程。层厚影响着表面质量和打印时间，层厚小，表面质量高，成型时间长，反之亦然。折中的方法是合理选择层厚，一般取 $0.1 \sim 0.4\mathrm{mm}$，再进行打磨、抛光等后处理以提高表面质量。具体详见表 8.2。

④ 自动成型加工。

表 8.2　FDM 成型参数

参数	影响因素	措施
轮廓线宽	丝宽 $W = (v_e \pi d^2)/(4v_f \delta)$ v_e—挤出速度；v_f—扫描速度；d—喷嘴直径；δ—层厚	喷嘴喷出丝的宽度由于"膨化现象"使填充轮廓路径的实际轮廓线超出理论轮廓线区域。扫描速度与挤出速度应匹配，根据经验值，一般取为喷嘴直径的 1.3～1.6 倍
材料	成型精度	减少材料的收缩率，或增加收缩补偿因子
喷头温度	丝材的流量、挤出宽度、黏结性能	合理选择喷头温度，保证丝束正常的熔融流动状态
挤出速度	与挤出材料体积成正比	合理选择挤出速度
层厚	尺寸精度、表面粗糙度	合理选择层厚，并根据需要进行后处理
扫描方式	包括回转扫描、偏置扫描、螺旋扫描等	采用复合扫描方式，即外部轮廓用偏置扫描，内部区域填充用回转扫描
水平角度	表面与水平面的最小角度	当层片与水平面角度大于该值时，可以孔隙填充；小于该值时，按填充线宽进行标准填充。一般设置为 45°左右
填充间隔	成型速度	厚壁成型件内部采用孔隙填充，薄壁成型件采取无间隔填充线

参数	影响因素	措施
支撑间隔	加工速度、表面质量	一般设置为 4mm
表面层数	表面质量	将表面层数设定为进行标准填充的层数，一般为 2～4 层

8.2.3　FDM 的技术难点

FDM 快速成型无须激光器等贵重元器件，工艺简单，成型材料广泛，可以成型任意复杂程度的零件，原材料利用率高，环境污染小，制件翘曲变形小，支撑去除简单。但是需要对整个实体截面进行扫描，大面积实体成型时间较长，要设计与制作支撑结构，成型轴垂直方向的强度比较弱，成型件的表面有较明显的条纹，影响表面精度，不适合高精度场合，最高精度只能为 0.1mm。

此外，FDM 成型过程中，材料会发生融化和凝固两次相变过程，在第二次固化时会因收缩而产生应力变形，影响工件成型精度。因此，FDM 工艺要求成型材料具备以下特点：①材料的黏度低；②材料的熔融温度低；③黏结性要好；④材料的收缩率对温度不能太敏感。目前，常用的 FDM 成型材料有 ABS、石蜡、人造橡胶、聚酯热塑性材料、低熔点金属、陶瓷等。

FDM 工艺对支撑材料的要求有：①能承受一定的高温；②与成型材料不浸润；③具有水溶性或酸溶性；④具有较低的熔融温度；⑤流动性要好。

为了克服上述 FDM 成型技术的不足，还需要在以下方面做进一步研究。

① 成型件强度需要进一步提高，途径之一是研发新材料，特别是可打印的金属材料。

② 成型效率太低，解决途径包括改进成型工艺、增加喷头等。

8.3　立体光刻

立体光刻（Stereo Lithography Apparatus，SLA）又称立体平版印刷技术或光固化技术，以光固化树脂为原料，通过计算机控制紫外激光使其凝固成型。

8.3.1　SLA 成型原理

SLA 成型系统由液槽、可升降工作台、激光器、扫描系统和计算机控制系统等组成。

　　液槽用于盛装液态树脂，一般由不锈钢制成，尺寸大小取决于 SLA 系统设计的最大原型尺寸，通常为 20～200L。可升降工作台上分布着小孔，在步进电机的驱动下，可升降工作台沿 Z 轴方向做往复运动。激光器分为紫外激光器、普通紫外光器和固体激光器。紫外激光由氦镉激光器产生，波长 325nm，也可由氩离子激光器产生，波长 351～365nm。普通紫外光是波长为 254nm 的低压汞光。固体激光器输出功率可达 500mW 以上，寿命可达 5000h，更换激光二极管后可继续使用。扫描系统用于控制激光束的运动轨迹，有基于检流计驱动式的扫描镜方式和 X-Y 绘图仪式的扫描方式两种，前者适用于尺寸较小、精度较高的模型制作，后者适用于高精度、大尺寸模型的制作。

　　以光敏树脂为原料，紫外线激光束通过检流镜驱动，按零件三维 CAD 模型的各分层截面信息在液态的光敏树脂表面进行逐点扫描，被扫描区域的树脂薄层产生光聚合反应而固化，形成零件的一个薄层。一层固化后，工作台下移一个层厚的距离（通常为 0.05～0.15mm），刀片扫过部件的横截面，在原先固化好的树脂表面敷上一层新的液态树脂，再次扫描固化，逐层循环，层层叠加，直到得到三维实体模型。成型原理详见图 8.3。构建完成后，部件将被浸入化学药液中，以清洗掉多余的树脂，随后在紫外线烘箱内进一步完成产品的固化。

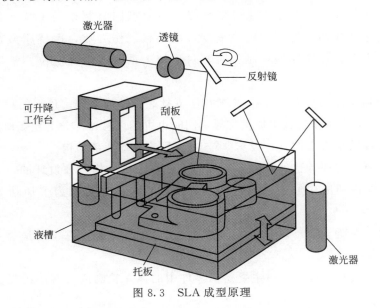

图 8.3　SLA 成型原理

　　SLA 成型质量与诸多因素有关，如分层层厚、扫描速度、网格间距、线宽补偿值、收缩补偿因子、固化深度、树脂涂层方法等。

　　光固化成型工艺是以光固化树脂为成型材料的，成型材料的性能会直接影响成型件的质量。光固化成型材料应满足以下基本条件：①成型材料易于固化，成型后具有一定的粘接强度；②成型材料的黏度不能太高，以保证加工层平整；③成型材料本身的热影响小，收缩应力小；④成型材料对光有一定的透过深度。

8.3.2　SLA 成型过程

（1）前处理

将制作好的模型先转换为快速成型设备需要的文件格式，如 STL 文件格式，然后对 STL 模型文件进行检查和修复。模型摆放方位对成型效率、成型质量等有影响，一般模型摆放的原则为：①选择尺寸最小方向为叠层方向；②大平面朝下；③尽量避免倾斜摆放。此外，在光固化快速成型中，所有的零件在制作过程中都需要支撑，以便将部件固定在升降台上，防止其因重力或刀片的侧向压力而偏转。对于结构复杂的数据模型，支撑的施加是费时而精细的。支撑施加的好坏直接影响着原型制作的成功与否及制作的质量。支撑施加可以手工进行，也可以由软件自动实现。软件自动实现的支撑施加一般都要经过人工核查，进行必要的修改和删减。为了便于在后续处理中去除支撑及获得优良的表面质量，目前采用的比较先进的支撑类型为点支撑，即支撑与被支撑的模型面是点接触。

可把支撑机构看作是快速成型系统中与原型同时制作的工装夹具。支撑可以防止零件在加工过程中因收缩变形而导致制作失败，保持原型在制作过程中的稳定性，保证原型在制作时相对于加工系统的精确定位。常用的支撑包括：

① 角板支撑（斜板支撑）　主要用于支撑悬臂结构部分，角板的一个臂和垂直面连接，面在制作过程中提供支撑，同时也可约束悬臂部分上翘变形。

② 投影特征边支撑（直板支撑）　主要用来支撑腿部结构。

③ 单臂板支撑　这种结构主要是针对那些长条结构特征设计的，其主柱沿着零件结构特征的中心线，或边的投影线，其次柱主要是为了加强支撑的稳定性。

④ 臂板结构支撑　该支撑是一些十字交叉的臂结构，它主要是为大的支撑区域提供内部支撑。

⑤ 柱形支撑　柱形支撑主要是为零件中的孤立轮廓或一些小的无支撑结构特征提供支撑。

具体如图 8.4 所示。

（2）后处理

原型制作完毕后，需要进行以下后处理。

(a) 角板支撑　　(b) 投影特征边支撑　　(c) 单臂板支撑　　(d) 臂板结构支撑　　(e) 柱形支撑

图 8.4　支撑结构

① 工作台从液槽中升起，停留 5～10min 后再将模型取出，以晾干滞留在原型表面的树脂和排出原型内腔中的树脂。

② 将原型和工作台网板一起斜放，晾干后将原型浸入丙酮、酒精等清洗液中，刷洗掉残留的气泡。

③ 清洗完毕之后，去除原型底部及中空部分的支撑结构。

④ 为了避免原型中存在部分未完全固化的树脂，将原型再一次清洗，然后置于紫外烘箱中进行整体固化。

此外，由于 SLA 原型是逐层固化的，会出现台阶，应去除。对于表面质量要求较高的工件，还需要进行修整、表面喷砂处理。

8.3.3　SLA 技术难点

SLA 技术是目前最成熟的快速成型技术，制作的模型层厚可达 0.05～0.15mm，成型精度高，自动化程度高，可成型任意复杂形状，主要用于复杂、高精度的精细工件快速成型。但是，成型制件外形尺寸稳定性差，易产生翘曲变形，需要设计支撑结构，成本较高，可使用的材料较少，工件脆，不便进行机械加工。因此，为克服上述缺点，SLA 还存在以下技术难点需要攻克。

① 如何降低 SLA 运行成本和材料成本，如研制价格低廉、收缩率小、无污染的材料，或低廉的激光器等；

② 如何提高成型件性能；

③ 截面轮廓扫描方式的优化；

④ 合理支撑结构的设计；

⑤ 开发新型树脂材料；

⑥ 改进工艺结构，适应微机械结构的快速成型，如目前已发展的微光固化成型技术。

8.4　选择性激光烧结技术

烧结是从粉末变固态物体的过程。选择性激光烧结技术（Selective Laser

Sintering，SLS)，又称粉末材料选择性烧结工艺或选区激光烧结，由美国德克萨斯大学奥斯汀分校的 C. R. Dechard 于 1989 年成功研制，目前已被美国 DTM 公司商品化。近二十年来，DTM 公司在 SLS 设备研制、加工工艺、材料开发等方面取得了重要进展。此外，德国的 EOS 公司、我国的华中科技大学、北京隆源自动成型有限公司等也研制和生产出了系列 SLS 成型设备。

8.4.1　SLS 成型原理

选择性激光烧结（SLS）工艺是利用粉末材料（如金属、塑料、陶瓷、玻璃等）在高功率激光（如二氧化碳激光）下烧结融合成团块的原理，通过计算机控制层层堆积成型。

SLS 快速成型系统组成包括激光器、光学扫描系统、粉料送进系统、回收系统、构造室等。

激光器为 SLS 成型提供能源，主要包括二氧化碳激光器和 Nd-YAG 激光器，前者波长为 $10.6\mu m$，适于塑料粉末的烧结，后者的波长为 $1.06\mu m$，适于金属和陶瓷粉末的烧结。

光学扫描系统由 X-Y 扫描头和动态聚焦模块组成，执行扫描操作。

SLS 成型系统的主要结构是在一个封闭的成型室中安装两个缸体活塞机构，一个为粉末送进系统，用于提供烧结所需的粉末材料，另外一个为构造室，用于粉末烧结成型。

回收系统用于回收铺粉时溢出的粉末材料。

工作时，在构造室工作台上用辊筒铺一层已加热至略低于熔化温度的粉末材料；然后激光束在计算机的控制下，按照截面轮廓信息对实心部分所在的粉末进行扫描，使粉末温度升到熔化点，于是粉末颗粒交界处熔化，粉末相互黏结，逐步得到本层轮廓。在非烧结区的粉末仍呈松散状，作为工件和下一层粉末的支撑。一层成型完成后，工作台下移一截面层的高度，再进行下一层的铺料和烧结，如此循环，直至完成整个三维模型，具体详见图 8.5。在成型过程中，未经烧结的粉末对模型的空腔和悬臂部分起着支撑作用，不必另外生成支撑工艺结构。

SLS 的工艺参数主要包括铺粉层厚、预热温度、激光功率、光斑直径、扫描速度、扫描方向等。选用不同的粉末可分别制造出相应材料的原型或零件，主要包括金属粉末烧结、陶瓷粉末烧结、塑料粉末烧结。

金属粉末烧结包括单一金属粉末的烧结、金属混合粉末的烧结和金属粉末与有机黏结剂粉末的混合体烧结。

单一金属粉末的烧结只需要将金属粉末预热到一定温度，再用激光束扫描与

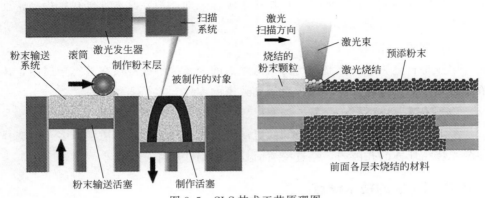

图 8.5　SLS 技术工艺原理图

烧结，接着进行后处理。

　　金属混合粉末的烧结主要是两种金属的混合粉末进行烧结。两种金属粉末的熔点应该不同，如青铜粉与镍粉的混合。先将混合粉预热到稍低于其熔点的温度，采用激光束加热至烧结温度，进而烧结成型。

　　金属粉末与有机黏结剂粉末的混合体烧结是首先将金属粉末与有机黏结剂粉末按一定比例均匀混合，如铜粉与 PMMA 粉的混合，经过激光束扫描烧结在一起，最后将烧结好的产品制件经高温等后续处理，去除产品制件中的有机黏结剂，从而提高制件的力学强度和耐热等物理性能，并增加成品制件内部组织的均匀性。

　　陶瓷材料在进行选择性烧结时需要加入黏结剂，常用的陶瓷材料有 Al_2O_3 和 SiC，黏结剂主要有无机黏结剂、有机黏结剂和金属黏结剂。

　　塑料粉末烧结时需要将塑料粉末预热至稍低于其熔点的温度，然后控制激光束加热粉末，使其达到烧结温度，从而把塑料粉末烧结在一起。塑料粉末烧结为直接激光烧结，烧结好的制件一般不需要后续处理。

8.4.2　SLS 的成型过程

　　粉末材料经过选择性烧结后只是形成了原型或零件的坯体，为了提高其力学性能和热学性能还需要进行后处理。烧结件的后处理方法有多种。

　　(1) 高温烧结

　　金属和陶瓷坯体均可用高温烧结的方法进行处理。坯体经高温烧结后，坯体内部孔隙减少，密度、强度增加，性能也得到改善。

　　(2) 热等静压烧结

　　金属和陶瓷坯体均可采用热等静压进行后处理。热等静压后处理工艺是通过流体介质将高温和高压同时均匀地作用于坯体表面，消除其内部气孔，提高密度和强度，并改善其他性能。

(3) 熔浸

熔浸是将金属或陶瓷制件与另一低熔点的金属接触或浸没在液态金属内，让液态金属填充制件的孔隙，冷却后得到致密的零件。

(4) 浸渍

浸渍后处理和熔浸相似，不同的是浸渍是将液态非金属物质浸入多孔的选择性激光烧结坯体的孔隙内，经过浸渍后处理的制件尺寸变化很小。

8.4.3 SLS 的技术难点

SLS 成型工艺的缺点是能量消耗高、原型表面粗糙疏松、对某些材料需要单独处理等。

和其他快速成型工艺相比，粉末材料选择性烧结最大的特性就是能够直接制作金属制品，同时，该工艺具有如下优点。

(1) 材料范围广

SLS 技术可使用加热时黏度降低的任何一种粉末材料，随着成型材料的多样化，SLS 技术越来越适合于多种应用领域；例如，用蜡做精密铸造蜡模；用热塑性塑料做消失模；用陶瓷做铸造型壳、型芯和陶瓷件；用金属粉末做金属零件等。

(2) 制造工艺简单

激光烧结可直接成型，无须支撑，适合复杂形状的产品原型的制作。

(3) 精度高

SLS 原型件精度与粉末材料种类及颗粒大小、产品的几何形状及复杂程度有关，一般 SLS 技术能够达到的公差范围为 0.05～2.5mm。

(4) 材料利用率高

无须支撑结构，回收的粉末可以再利用，且料价格便宜，成本低。

但 SLS 成型耗时，后处理过程较复杂，烧结过程有异味，设备价格高。为此，SLS 未来的发展应攻克提高成型效率、缩短后处理时间、提高原型件质量和性能等技术难点。

8.5 分层实体制造

分层实体制造（Laminated Object Manufacturing，LOM）技术是由加利福尼亚州托兰斯的 Helisys 公司的 Michael Feygin 于 1986 年成功研制的，并于

1992 年推出第一台商业机型 LOM-1015（380×250×350），如图 8.6 所示。目前，常用的设备包括 Helisys 公司的 LOM 系列成型机以及新加坡 Kinergy 公司的 ZIPPY 成型机等。

8.5.1　LOM 成型原理与系统组成

LOM 工作原理如图 8.7 所示，分为层叠、黏结和切割三大步骤，首先计算机接受和存储工件的三维模型，沿模型的成型方向截取一系列的截面轮廓信息，发出控制指令。送料机构将背面带有热熔胶的片材推送到构建平台上，加热辊施加压力将片材黏结到下一层上，控制系统根据当前轮廓控制激光器进行层面切割，并将无轮廓区切割成小方格以便成型后剔除废料，可升降工作台支撑正在成型的工件，并在每层成型完毕后，降低一个材料厚度（通常为 0.1~0.2mm）以便送进、黏合和切割新的一层成型材料。数控系统执行计算机发出的指令，使材料逐步送至工作台的上方，加热辊施加压力黏结新的层，激光切割该层轮廓，重复这一过程，直到部件制造完成。各层切割完成后，多余材料仍然放置，以支撑部件的构建。模型取出装置用于方便地卸下已成型的模型，机架是整个机器的支撑。

图 8.6　LOM 成型机

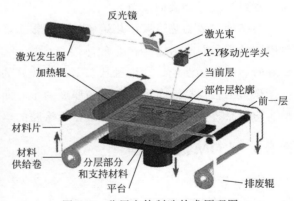

图 8.7　分层实体制造技术原理图

LOM 快速成型系统主要由控制系统、机械系统、激光切割系统、原材料存储和送料机构、可升降工作台、热粘压机构等部分组成。

控制系统配有三维数据分层处理软件，对 *.stl 格式文件进行数据处理和分层；激光切割系统由二氧化碳激光发生器（功率 20~50W）、激光头、电动机、外光路等组成。激光头中 XY 平面由两台伺服电动机驱动做高速扫描运动，激光切割速度与功率自动匹配控制。外光路由一组集聚光镜和反光镜组成，切割光斑的直径为 0.1~0.2mm。原材料存储和送料机构由电动机、摩擦轮、原材料存储辊、送料夹紧辊、排废辊、导向辊等组成。原料纸套在原材料存储辊上，材料的一端经过送料夹紧辊、导向辊粘于排废辊上。送料时，送料电动机带动纸料向前进给。可升降工作台用于制成模型，完成一层加工后，工作台中数控系统控制其自动下降一个 0.1~0.2mm 的层厚。热碾压机构由热压板、温控器及高度检测器、步进电动机、发热板、同步齿形带等组成。送料机构铺覆完一层材料后，热压机构对工作台上方的材料进行热加压，使上下两层完全粘接。

主要工艺参数包括激光切割速度、加热辊温度与压力、激光能量和切碎网格尺寸。激光切割速度影响着原型表面质量和原型制作时间，通常是根据激光器的型号选择。加热辊温度与压力设置应根据原型层面尺寸大小、纸张厚度及环境温度来确定。激光能量大小直接影响切割纸材的厚度和切割速度。切碎网格尺寸的大小直接影响着废料剥离的难易和原型的表面质量。

LOM 技术所要求的材料类型为固体片材，如聚氯乙烯、纸、复合材料（黑色金属、有色金属、陶瓷）等。成型材料涉及薄层材料、黏结剂和涂布工艺三个方面的问题。

目前的薄层材料多为纸材，纸材具有良好的浸润性，易剥离，收缩率小，易打磨，且具有一定的抗拉强度，稳定性好，但是纸材抗湿性差，一般原型剥离后需要密封处理（如表面涂覆）。

黏结剂一般为热熔胶，热熔胶的种类很多，最常用的是 EVA。LOM 工艺对热熔胶的基本要求为：①良好的热熔冷固性；②在反复熔化-固化条件下，具有良好的物理化学性能；③熔融状态下具有较好的涂挂性与涂均性。

涂布工艺包括涂布形状和涂布厚度两个方面，涂布是形状指采用均匀涂布还是非均匀涂布，涂布厚度度量在纸材上涂胶的厚度。

8.5.2 LOM 成型过程

LOM 原型制造完毕后，原型埋在叠层块中，需要去除废料，对原型进行剥离。有的还需要后处理，具体后处理工作包括废料去除、后置处理。

废料去除指将成型过程中产生的废料与原型分离。LOM 成型的废料主要是网状废料，通常采用手工剥离方式。当原型零件存在缺陷，或尺寸不够精确，或原型的某些物理、力学性能不太理想时，要对原型零件进行修补、打磨、抛光和表面涂覆等后置处理。

8.5.3 LOM 的技术难点

LOM 工艺去除余料时工作量繁重，特别是薄壁、细柱状、内孔结构和内部型腔结构，余料去除困难。工件中叠层方向上抗拉强度和弹性不够好，因此，如何提高分层实体制造工件力学性能是一个难点。此外，LOM 工件表面质量不够，有台阶纹，进一步提高其成型精度是该技术的发展方向。LOM 技术成熟，效率相对较高，成型材料的种类需要进一步拓展。例如，Helisys 公司已研制出多种成型材料，可以用于制造金属薄板成型件。

8.6　三维印刷技术

三维印刷（Three-Dimensional Printing，3DP）也称为喷涂黏结工艺、三维打印黏结成型、喷墨沉积、黏合喷射（Binder Jetting）、喷墨粉末打印（Inkjet Powder Printing）。该工艺属于液体喷印成型这一大类，是由美国麻省理工学院 Emanual Sachs 等人研制的，并于 1989 年由美国 ZCorporation 公司申请了 3DP 专利，该专利是非成型材料微滴喷射成型范畴的核心专利之一。

8.6.1　3DP 成型原理

3DP 工艺类似于传统的 2D 喷墨打印机，是最贴合"3D 打印"概念的成型技术之一。3DP 成型原理如图 8.8 所示，首先铺粉机构在加工平台上精确地铺上一薄层粉末材料，喷头在计算机控制下按照规划好的轮廓轨迹在 XY 平面做扫描运动，同时喷嘴将黏结剂喷在需要成型的区域，让材料粉末粘接，形成零件截面，每铺完一层，工作台沿着 Z 轴垂直下降一个层厚，然后不断重复铺粉、喷涂、粘接的过程，层层叠加，获得最终工件。具体详见图 8.8。

如果在黏结剂中添加有色颜料，即可制作彩色原型模型。3DP 技术的工作

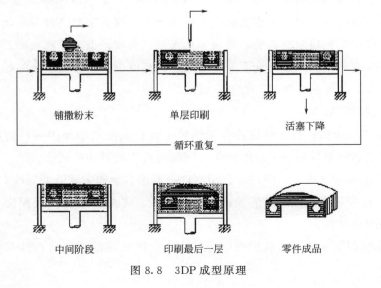

图 8.8　3DP 成型原理

效率与喷嘴喷射量密切相关，典型的喷嘴以 $1\text{cm}^3/\text{min}$ 的流量喷射黏结剂，若要提高成型速度，可开发新的喷射系统。如美国麻省理工学院开发了两类喷射系统：连续式和点滴式。其中，连续式系统的生产速度可达每层 0.025s，点滴式的生产速度可达每层 5s。

3DP 成型使用的粉末材料较广泛，包括石膏粉、淀粉、陶瓷粉、高分子材料、金属粉末材料、复合材料等。3DP 对于材料的要求详见表 8.3。

表 8.3   3DP 对于材料的要求

材料类型	要 求
成型材料	粉末材料颗粒尽可能小且均匀
	粉末材料不含杂质，且具有重量，以免喷射过程中出现凹凸不平的小坑或飞溅现象
	能迅速与喷涂的粘接剂相互粘接并快速固化
黏结剂材料	分子结构较稳定，可长期保存
	黏结剂表面张力较高，黏度较低，易于快速黏结
	黏结剂对喷头无腐蚀作用
	黏结剂中应添加少量抗固化成分，以免喷头易于堵塞

8.6.2   3DP 成型过程

用 3DP 成型工艺进行三维打印同样需要前处理、快速成型、后处理等过程，由于前处理的主要任务是获得打印对象的三维数字化模型，其过程基本一样，此处不再赘述。

3DP 快速成型过程中，将 3DP 专用粉末材料（如 ABS 粉末）倒入供料仓，铺粉器将少量的粉末铺平于成型缸的工作台面上。喷头强黏结剂按照规划好的轮廓轨迹一层层喷在粉末材料上，然后固化黏结，形成模型的轮廓截面。供粉仓上升一定高度进行供粉，成型仓下降一个层厚的高度进行铺粉，多余的粉末回收到粉末收集仓，如此循环往复，直到获得最终工件。

后处理过程如下：

① 加工结束后，将工件放置在加热炉中或在成型箱中保温一段时间，使原型制件中的黏结剂得到进一步的固化，同时提高原型制件的强度。

② 在除粉系统中，将附加在原型制件表面的多余粉末清除并回收。

③ 为进一步提高原型件的表面精度和质量，需要在原型件表面涂上硅胶或其他一些耐火材料。

④ 将原型制件放到高温炉中进行焙烧，以提高原型件的耐热性及其他力学性能。

8.6.3　3DP 的技术难点

3DP 成型速度非常快，耗材便宜；成型过程不需要支撑，多余粉末去除方便，特别适合制造内腔复杂的原型。喷墨打印是 3D 打印中唯一可以自定义颜色的打印技术。但是，石膏强度较低，只能制作概念模型，不能做功能性试验；因为粉末是黏结在一起的，所以成型件表面粗糙。因此，在打印较大体积的功能模型、提高模型的色彩质量和分辨率等方面是 3DP 技术需要攻克的技术难点。

8.7　直接金属激光烧结

直接金属激光烧结（Direct Metal Laser Sintering，简称 DMLS）是通过 3D 模型数据控制高能量的激光束来局部熔化金属基体，同时烧结固化粉末金属材料并自动地层层堆叠，以生成致密的几何形状实体零件的一种成型工艺。DMLS 离散法能够直接制造出非常复杂的零件，避免了采用铣削和放电加工，为设计提供了更大的自由度。目前，DMLS 技术也被作为一种新的金属表面改性技术广泛应用，在这种应用背景下，该技术又称为激光熔覆，图 8.9 是某工件的激光熔覆案例。

(a) 待修复工件表面

(b) 激光熔覆后未加工表面

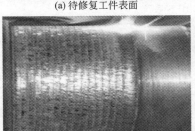
(c) 激光熔覆修复中

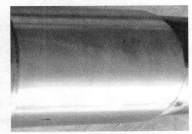
(d) 激光熔覆后机加工处理后的表面

图 8.9　激光熔覆案例

DMLS 技术兴起于 20 世纪 70 年代，直到 1993 年公开了一种激光烧结的装置和工艺（DE1993004300478）专利（图 8.10），该技术是 DTM 公司的 SLS 工艺核心专利的一种变体。后来 DMLS 逐渐引起了国内外学者的普遍关注。目前，国外代表性的 DMLS 系统有德国的 Trumpf 和美国 POM 公司的 DMD505、美国 Huffman 公司的 HP-205、美国 Optomec 公司的 Lens850 等。这些商业化的系统在叠层材料、功能复合材料的制备和零件整体叶盘、框、梁等关键构件研制中取得了实质性成果。

　　国内对于 DMLS 技术的研发十分重视，北京航空航天大学、西北工业大学、中航工业北京航空制造工程研究所、北京有色金属研究总院等对此技术及其设备研制进行了研究。其中，北京航空航天大学在飞机大型整体钛合金主承力结构件激光熔覆及装机应用关键技术研究方面取得突破性进展，研制出某型号飞机钛合金前起落架整体支撑框、C919 接头窗框等金属零部件；中航工业北京航空制造工程研究所成功修复了某型号 TC11 钛合金整体叶轮，并通过了试车考核。

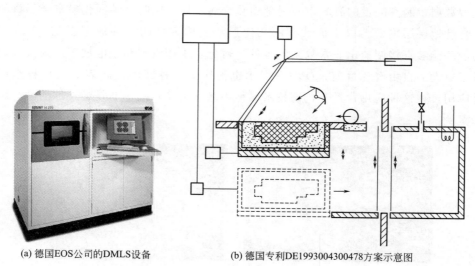

(a) 德国EOS公司的DMLS设备　　　　　　(b) 德国专利DE1993004300478方案示意图

图 8.10　DMLS 系统

8.7.1　DMLS 成型原理

　　激光是由受激辐射产生的，其产生的基本条件是粒子数反转和光学谐振腔。激光器可将电能转换为光能，是激光熔覆系统的核心设备，具有方向性好、单色性好、相干性好和高亮度等特性。工业上常用的为二氧化碳激光器和 Nd：YAG 激光器。激光加工设备由激光器、电源、光学系统、机械系统等组成。

　　在金属件直接成型方面，DMLS 成型原理与 SLS 基本相同，通过激光将金属粉末熔化后逐层累积形成金属体，有同轴送粉和辊筒送粉两类，同轴送粉技术适合制造分层厚度在 1mm 以上的大型金属件，辊筒送粉技术适合制造精细度高的小型部件。该技术通过金属净成型可生产高精度、高表面质量和高机械性能的打印件，其所使用材料一般为金属混合物。

在金属件修复方面，DMLS 的原理为：在基材表面添加熔覆材料，并利用高能密度的激光束使之与基材表面薄层一起熔凝，在基材表面形成两金属界面间原子相互扩散而形成的冶金结合（Metallurgical bond）的添料熔覆层，从而显著改善基体表面耐磨、耐蚀、耐热、抗氧化和电器特性等。按送料工艺的不同可以分为：预置法（二步法）和同步法（一步法）两类，具体成型原理如图 8.11 所示。

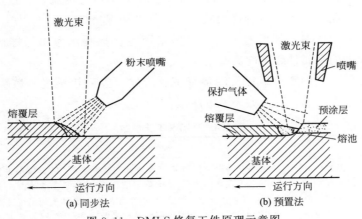

图 8.11　DMLS 修复工件原理示意图

（1）预置法

预置法是将熔覆材料事先置于基材表面的熔覆部位，然后采用激光束辐射扫描熔化，熔覆材料以粉、丝、板的形式加入，其中粉末最为常用。

预置熔覆材料的方式包括预置涂覆层和预置片两种。

① 预置涂覆层　用黏结剂将熔覆用粉末调成糊状置于工件表面，干燥后再进行激光熔覆处理。通常为手工涂敷，生产效率低，熔覆厚度不一致，不宜用于大批量生产。

② 预置片　将熔覆材料的粉末加入少量黏结剂模压成片，置于工件需熔覆部位，再进行激光处理。此法粉末利用率高且质量稳定，适于一些深孔零件，如小口径阀体，采用此法处理能获得高质量涂层。

（2）同步法

同步法是将熔覆材料直接送入激光束，使供料和熔覆同时完成。这是在激光束辐照工件的同时向激光作用区送熔覆材料的工艺，分为以下两种方式。

① 同步送粉法　使用专用喷射送粉装置将单种或混合粉末送入熔池，激光束通过喷嘴的中间，在工件的表面产生一个熔池，粉末颗粒被熔入熔池中。喷嘴安装在一个光学加工头上，距工件表面 6～16mm。使用机器人或数控机床移动光学加工头按照预定轨迹进行加工。控制粉末送入量和激光扫描速度即可调整熔覆层的厚度。由于松散的粉末对激光的吸收率大，热效率高，可获得比其他方法更厚的熔覆层，容易实现自动化。

② 同步送丝法　除了熔覆材料是预先加工好的丝材之外，工艺原理与同步送粉法相同。该方法更易保证熔覆层成分的均匀性，尤其是当熔覆层是复合材料时，不会因粉末比重或粒度大小的不同而影响覆层质量，且通过对丝材进行预热的精细处理可提高熔覆速率。由于丝材表面光滑，对激光的反射较强，激光利用率相时较低；此外，线材制造过程较复杂，且品种规格少。

由此可见，DMLS 技术的主要特点是采用混合金属作为加工材料，无须黏结剂，使成型的金属件致密度更高。

DMLS 的工艺参数对熔覆层的稀释率、裂纹、表面粗糙度、熔覆零件的致密性等具有很大影响，具体如表 8.4 所示。

表 8.4　DMLS 工艺参数

工艺参数	影响因素
激光功率	激光功率越大，熔化的熔覆金属量越多，产生气孔的概率越大。随着激光功率增加，熔覆层深度增加，周围的液体金属剧烈波动，动态凝固结晶，气孔数量逐渐减少甚至消除，裂纹也逐渐减少。当熔覆层深度达到极限深度后，随着功率提高，机体表面温度升高，变形和开裂现象加剧。激光功率过小，仅表面涂层融化，基体未熔，此时熔覆层表面出现局部起球、空洞等
光斑直径	熔覆层宽度主要取决于激光束的光斑直径，光斑直径增加，熔覆层变宽。光斑尺寸不同会引起熔覆层表面能量分布变化，所获得的熔覆层形貌和组织性能有较大差别。光斑尺寸越小，熔覆层质量越好，但不能太小
熔覆速度	熔覆速度和激光功率有相似的影响。熔覆速度过高，合金粉末不能完全融化，无法达到优质的熔覆效果；熔覆速度太低，熔池存在时间过长，粉末过烧，合金元素损失，同时基体的热输入量大，会增加变形量
粉末特性	材料在激光束的作用下形成熔池，熔池的形状由液相和气固介质间的表面张力决定。润湿角由表面张力决定，润湿角越小，表面润湿性越好，熔覆表面越光滑，致密性越高。当润湿角为钝角时，烧结截面出现球化现象。粉末颗粒大小及分布影响着粉末摊铺密度和铺粉厚度。粉末颗粒越小，铺粉表面积越大，熔化速度越快，致密度越高。但是，粉末颗粒太小易出现分层和团聚现象。因此，实践中，粗粉和细粉混合使用
扫描间距	扫描间距小，可减少球化现象，利于提高组织致密性和均匀性。但过小的扫描间距容易导致激光烧结体收缩和变形
铺粉厚度	铺粉厚度与切片层厚相关，铺粉厚度越低，烧结层的孔隙率越低，球化现象越少。过低的铺粉厚度容易导致收缩现象、致密度降低等

上述各熔覆参数综合影响熔覆层质量，为此，定义单位面积的辐照能量——比能量 E_s 来描述这种影响。

$$E_s = P/(DV)$$

式中，P—激光功率；D—光斑直径；V—熔覆速度。

由上式可知，比能量减小便于降低稀释率。在激光功率一定时，熔覆层稀释率随光斑直径增大而减小；当熔覆速度和光斑直径一定时，熔覆层稀释率随激光功率增大而增大。随着熔覆速度的增加，基体的熔化深度下降，基体材料对熔覆层的稀释率下降。

8.7.2　DMLS 成型过程

DMLS 成型工艺与前述 3D 打印工艺一样，需要前处理、快速成型、后处理等过程，由于前处理的主要任务是获得打印对象的三维数字化模型，其过程基本一样，此处不再赘述。

DMLS 成型过程如下。

① 涂布机在工作平台上涂布一层薄薄的粉末材料。

② 高能激光束在电脑控制下按照规划好的轨迹熔化金属粉末，散热冷却后形成固体金属。与 SLS 不同的是，整个打印控件是密封状态且充满惰性气体（如氮气、氩气），以避免金属在高温状态下与其他气体发生反应。

③ 工作台下降一个层厚。

④ 粉末材料被涂布机涂覆到工作台，接着重复上述过程，直到工件打印完毕。

DMLS 的后处理包括粉末移除、检测、应力释放、从热床上移除工件、热等静压、压力保持测试、固溶热处理、后加工处理、尺寸检测、射线探伤和性能检测。

8.7.3　DMLS 的技术难点

根据工件的工况要求，DMLS 技术可以熔覆各种成分的金属或非金属，制备耐热、耐蚀、耐磨、抗氧化、抗疲劳或具有光、电、磁特性的表面覆层。通过激光熔覆，可在低熔点材料上熔覆一层高熔点的合金，亦可使非相变材料（Al、Cu、Ni 等）和非金属材料的表面得到强化。

与堆焊、热喷涂和等离子喷焊等相比，DMLS 技术具有下述优点。

① 激光熔覆层与基体为冶金结合，结合强度不低于原基体材料的 95%；

② 对基材的热影响较小，引起的变形也小，成品率高；

③ 材料范围广泛，如镍基、钴基、铁基合金、碳化物复合材料等，可满足

工件不同用途要求，兼顾心部性能与表面特性；

④ 熔覆层及其界面组织致密，晶粒细小，无孔洞，无夹杂裂纹等缺陷；

⑤ 可对局部磨损或损伤的大型设备贵重零部件、模具进行修复，延长使用寿命；

⑥ 熔覆工艺可控性好，覆层质量稳定，易实现自动化控制；

⑦ 对损坏零部件，可实现高质量、快速修复，减少因故障停机时间，降低设备维护成本。

此外，DMLS 可以加工出其他方法很难实现的几何形状，例如，DMLS 可设计异型冷却水路（Conformal Cooling Channel），达到最佳冷却效果，减少注入成型时间即交货时间并降低成本。DMLS 采用的是纯金属烧结，GPI 模型公司可提供的材料包括钴铬合金、不锈钢、工业钢、青铜合金、钛合金和镍铝合金等。粉末平均粒径可低至 $20\mu m$。高品质、精密和清洁的模型可在数小时内制作完成并在几天内运达至客户。

DMLS 技术目前仍面临诸多挑战。

① 支撑的合理设计　支撑用于保证打印件与基板的线切割距离，防止打印件由于内应力产生弯曲变形。截面越厚，所需要的支撑越多，打印能量和时间越多。后处理中，支撑通过数控加工、线切割或电火花等方式去除，耗时耗成本。如何设计最少支撑或打印件自成支撑的结构是一个技术难点。

② 成型过程应力及变形。

③ 材料组织及性能控制。

④ 质量检测及标准建立。

因此，DMLS 在设备、工艺、材料等方面还需要进一步探索与研究。

8.8　桌面三维打印机组装实践

数字化快速成型设备根据工艺原理不同而结构不同，其中，基于熔融沉积成型技术的快速成型设备结构最简单，目前市面上常见的桌面 3D 打印机基本属于该类型。RepRap.org 的开源 3D 打印机 Darwin（达尔文）、Mendel（孟德尔）、Prusa Mendel（简称 Prusa）和 Huxley（郝胥黎）等都属于这类打印件。

为了帮助读者了解该类型 3D 打印机的结构和工作原理，本节以 RepRap Prusa i3 打印机为例介绍其组装过程，图 8.12 所示为用耗材组装而成的打印机。

图 8.12　组装的 Prusa i3 打印机

8.8.1　机械部件及机体框架的安装

从市面购买 3D 打印机相关组件耗材，打印机的组件信息详见表 8.5。Re-pRap Prusa i3 使用了大量的标准件，只有部分定制零件是通过激光切割板材和 3D 打印而成的。激光切割板材是 3D 打印机的骨架，可根据需要自行设计。

表 8.5　打印机组件信息

名称及规格	数量	备注
12V、350W 开关电源	1	
全铝挤出头总成(喷头 0.2mm)	1	
电源线		
红黑粗导线	若干	粗导线用于电源和热床,细导线用于限位开关和风扇
红黑细导线		
小扎带	若干	
PLA 打印耗材	1	
铝制热床 缠线管 ϕ6mm、ϕ8mm 各 1 根 USB 线 1.5m 带线热敏电阻	1	
打印件(X motor、X idler) 打印件(X carriage、Y corner)		

续表

名称及规格	数量	备注
挤出头的风扇		
同步带 2m		
Melzi 电路板		
主框架大三角亚克力板（厚度 6mm）	2	
热床支撑板	1	亚克力板
Z 轴顶板	2	亚克力板
Z 轴步进电动机固定板	2	亚克力板
Z 轴小三角板	4	亚克力板
Y 轴步进电动机支撑板	1	亚克力板
光杆	6	
丝杆 步进电动机 丝杆步进电动机 300mm	9 2 2	包括耗材架所需使用的丝杆和 X、Y、Z 轴电动机
耗材架	2	亚克力板

续表

名称及规格	数量	备注
MF105ZZ 轴承	4	
608ZZ 轴承	2	
LM8UU 轴承	10	
M8 螺母	56	
M8 垫片	56	
M8 大垫片	2	
十字盘头螺钉 M5×20	4	
螺母 M5	4	
螺钉 M4×12	6	
垫片 M4	6	
十字盘头螺钉 M3×20	12	
十字盘头螺钉 M3×16	32	
十字盘头螺钉 M3×10	18	
垫片 M3	36	
六角螺母 M3	30	
锁紧螺母 M3	8	
螺钉 M2×20	8	
垫片 M2	8	
螺母 M2	8	
内六角螺钉 M3×10	6	
四方螺母 M3	6	
六角平头双通尼龙柱 M3×8	6	
六角单头尼龙螺柱 M3×8+6	6	
无头紧固螺钉	2	
限位微动开关 SS-5GL	3	
热缩管	1	

续表

名称及规格	数量	备注
同步轮	2	
同步带锁紧弹簧	2	
热床压力弹簧	4	
小型打印件	5	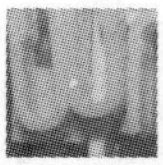

机体框架安装步骤详见表 8.6。

表 8.6　机体框架安装步骤

步骤	内容	耗材	图示
①搭建 3D 打印机框架	将亚克力激光切割部件、Y 轴步进电动机支架、热床支架、Z 轴顶板等用 M3×16 螺栓、垫片、螺母等紧固件连接起来，由于亚克力板是透明的，为了描述清楚，图中给出了 Y 轴正向，大三角支撑板位于 Y 轴负方向(已标出)，用于固定 Z 轴步进电动机的小支撑板位于 Y 轴正方向一侧。圈出部位为穿线孔，放大后的细节已在图中用箭头标出	亚克力激光切割部件(9 块)、Y 轴步进电动机支架、热床支架、2 块 Z 轴顶板等用 M3×16 螺栓、垫片、螺母	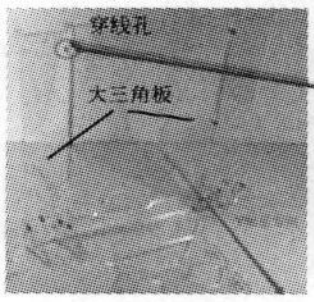 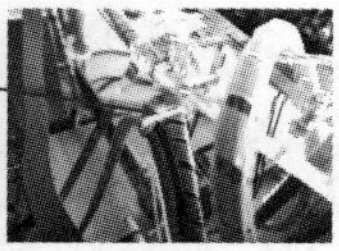
②搭建框架中的 Y 轴部分	光杆上装配直线轴承 LM8UU，丝杆上装配 8 对螺母垫片	5 个 3D 打印机(包括 Y 轴四角、Y 轴惰轮端及 Y 轴同步带固定件)、2 个亚克力板激光切割件(Y 轴步进电动机支架和热床支架)、2 根 465mm 的光杆、6 根丝杆(2 根 495mm、1 根 275mm 和 3 根 210mm)、3 个 LM8UU 直线轴承、2 个 MF105ZZ 轴承、38 个 M8 的螺母和垫片、1 个 M5×20 的螺栓螺母、M3×16 的螺母、垫片、锁紧螺母、小扎带等	
	将其安装到四角打印件支撑上，打印件外侧再加上 4 对 M8 螺母和垫片，用扳手拧紧，并用小扎带固定		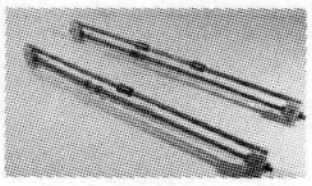
	将 Y 轴惰轮、Y 轴惰轮端打印件、1 对 M5×20 螺母垫片、2 个 MF105ZZ 轴承装配在一起		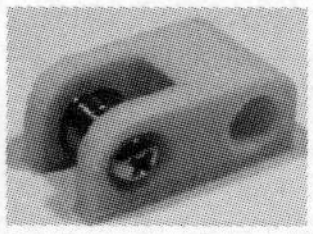
	将剩余的 4 根丝杠(长度分别为 275mm 的 1 根和 210mm 的 3 根)与 Y 轴步进电动机支撑板、Y 轴同步带轴承打印件等装配在一起		 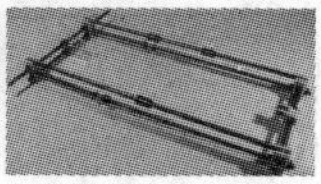
	用 4 对 M8 的螺母将安装好的 Y 轴框架部分与前面安装好的亚克力板整体框架装配在一起		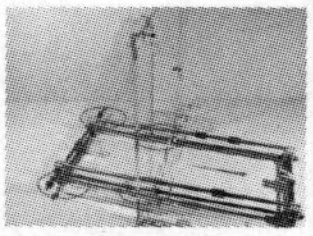

续表

步骤	内容	耗材	图示
②搭建框架中的 Y 轴部分	用 M3×16 螺母垫片及锁紧螺母将 Y 轴同步带固定装置打印件固定在热床支撑亚克力板上,此处使用锁紧螺母,防止热床运动中螺母松动		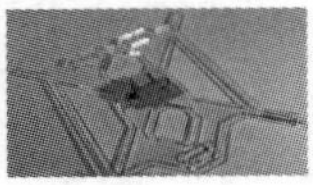
	最后,用小扎带把亚克力板热床支架固定好,保证 Y 轴热床支架可以在 Y 轴上自由滑动		
③搭建框架 X 轴部分	用 6 条小扎带将 3 个 LM8UU 直线轴承固定在 X 轴与挤出头连接用的 3D 打印件上	3 个 3D 打印件(X 轴步进电动机端、X 轴惰轮端和 X 轴移动平台打印件)、2 根长度为 385mm 的光杆、1 个全铝挤出头的铝制框架、2 个梯形丝杠配套螺母、3 个 LM8UU 直线轴承、2 个 MF105ZZ 轴承、1 套 M5×20 螺栓螺母、4 个 M3×10 的螺栓和四方螺母、8 对 M3×16 螺栓螺母和 6 根小扎带	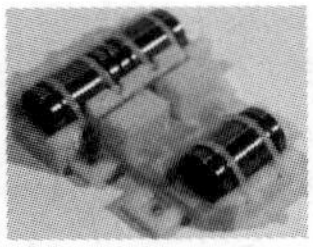
	用 4 个 M3×10 螺栓和四方螺母将该部件与全铝挤出头的铝制框架连接		
	用 1 对 M5×20 螺栓螺母将 X 轴惰轮端打印件和 2 个 MF105ZZ 轴承安装在一起		
	用 8 对 M3×16 螺栓螺母将梯形丝杠与配套螺母连接在一起,并将 4 个 LM8UU 直线轴承插入 X 轴步进电动机端及惰轮端的两个打印件中		
	使用 2 根 385mm 的直线光杆连接 X 轴步进电动机端打印件、X 轴惰轮端打印件及 X 轴与挤出头连接用打印件		

8.8.2　步进电动机和电子系统

完成上步操作后,得到 2 个大模块,即 3D 打印件主体框架和 3D 打印件 X 轴部件。步进电动机和电子系统的安装步骤如表 8.7 所示,最终获得完整的 3D 打印机。

表 8.7   步进电动机和电子系统安装步骤

步骤	内容	耗材	图示
①Z 轴步进电动机的安装	利用 M3×10 螺栓紧固件将 2 个步进电动机安装在 Z 轴底部的步进电动机安装架上,同时将步进电动机引线从亚克力板预留的孔中穿过,如图所示	光杆(2 根、320mm),Z 轴梯形丝杠步进电动机(2 个、梯形丝杠长度 300mm),亚克力板激光切割件(2 块),4 套 M3×16 螺栓、垫片、螺母紧固件,8 套 M3×10 螺栓、垫片	
	将 X 轴框架通过 2 个梯形丝杠螺母与梯形丝杠步进电动机连接		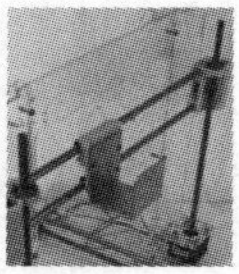
	插入 Z 轴光杆,同时用 4 组 M3×16 的螺纹紧固件把 Z 轴的顶部亚克力板固定,保证梯形丝杠垂直。双手同步旋转 Z 轴,使 X 轴框架沿 Z 轴方向上下移动,如果双手受力均匀且 X 轴框架移动平稳,则安装到位		
②安装 Y 轴步进电机	将同步轮套到 Y 轴步进电动机上,并用自带黑色无头紧固螺钉固定	1 个 42 步进电动机(5mm 的轴、出轴长度 22mm),1 个自带无头紧固螺丝的同步轮,1 根同步带,1 个同步带锁紧弹簧,4 对 M3×10 螺钉垫片,2 根小扎带,使用的工具有内六角板书、螺丝刀、尖嘴钳等	
	用 4 个 M3×10 的内六角螺钉和垫片固定步进电动机到安装板上。用同步带联接步进电动机、惰轮和热床。同步带的接头位于热床下面,并加上同步带锁紧弹簧。锁紧前,保证同步轮、惰轮、热床支撑三个支撑点位于一条直线上,调整好之后用 M8 的螺母固定		
③安装 X 轴步进电机	把步进电动机套到同步轮上并固定;用 4 个 M3×20 的螺钉把带同步轮的 X 轴步进电动机安装到 X 轴上	1 个 42 步进电机(5mm 轴、出轴长度 22mm),1 个自带无头紧固螺丝的同步轮,1 根同步带,1 个同步带锁紧弹簧,4 个 M3×20 的螺钉,2 根小扎带	
	与 Y 轴类似,用同步带联接步进电动机、惰轮、X 轴与挤出头的连接部,同步带的接头位于 X 轴与挤出头的连接部后面		
④安装三轴限位开关	给买到的限位开关焊接上足够长的导线,导线的接法参考安装说明书,其中一种是接 COM 和 NC 两端,这样开关未触发时是连通的	3 个三轴限位开关卡子,3 个型号为 SS-5GL 的限位开关,6 对 M2×20 螺栓垫片螺母,若干根细红黑导线,若干根热缩管	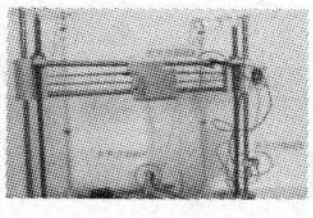

续表

步骤	内容	耗材	图示
⑤ 安 装 热 床	在热床上焊接电线、粘贴 Kapton 胶带，并在反面粘贴热敏电阻，必要的话也可以焊接上发光二极管、电阻等；用 4 组穿过弹簧的螺钉紧固件将热床固定在热床支架上	1 个 3mm 铝基板热床,1 个热敏电阻,4 个热床支撑弹簧,4 组 M3×20 的螺钉垫片锁紧螺母,若干粗红黑导线,若干 Kapton 胶带	
⑥ 安 装 挤 出 头	将挤出头套件拆分为挤出机、挤出头、M4 螺钉、加热头、热敏电阻、挤出头风扇部分	1 套全铝挤出头套件	
	将挤出机和挤出头分别安装在 U 型铝架的上下两侧		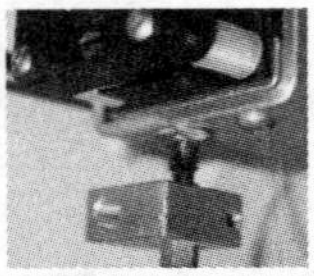
	安装加热头和热敏电阻，并使用无头紧固螺钉固定。最后，把侧面的风扇固定好		
⑦ 安 装 电 子 系 统	连接电源的电线，+12V 红线与 +V 连接、直流地线与 −V 连接。剥开 220V 交流电源线，棕色火线连接 L、蓝色零线连接 N，红绿色地线连接地。最后，将电源安装到 3D 打印机框架上	1 个 12V 350W 电源,1 块带 USB 线的 Melzi 电路板,4 组 M4×12 螺钉垫片,若干粗红黑导线,若干细导线,4 根 M3×8 双通尼龙柱,4 根 M3×8+6 尼龙螺柱,4 组 M3×10 螺钉垫片,若干小扎带和粗细缠线管	
	调整 Melzi 主板上的步进电流,具体方法参考耗材销售商给的手册。按照 Melzi 主板从左到右的顺序将 X、Y、Z、E 四个步进电动机接口连接到相应的步进电动机上。按照顺序为 A+A−B+B−。Z 轴的两个步进电动机需要串联		
	将 Melzi 主板上的 POWER 端与开关电源、挤出机风扇电源连接		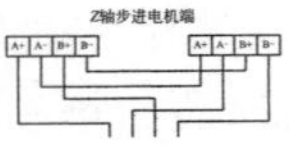
	后面的 HOTBED、HOTEND、FAN 三个端口分别与热床、挤出头加热、挤出头风扇连接		
	XSTOP、YSTOP 和 ZSTOP 端口与三个轴的限位开关连接,热床热敏电阻接入 BTEMP,挤出头热敏电阻接入 ETEMP 即可		
⑧ 整 理 线 缆	用尼龙柱、尼龙螺柱和螺钉紧固件将 Melzi 主板装配到亚克力支架上		
	Y 轴 4 根引线、Z 轴远离 Melzi 电路板的步进电动机引线和 2 根 12V 电源线(共 8 根)用小扎带绑住,穿过预留的框架穿线孔		

续表

步骤	内容	耗材	图示
⑧ 整理 线缆	挤出头步进电动机 4 根线、加热头 2 根线、热敏电阻 2 根线、挤出头散热风扇 2 根线和喷嘴散热风扇 2 根线(共 12 根线)汇集并用缠线管包扎后固定	1 个 12V 350W 电源,1 块带 USB 线的 Melzi 电路板,4 组 M4×12 螺钉垫片,若干粗红黑导线,若干细导线,4 根 M3×8 双通尼龙柱,4 根 M3×8+6 尼龙螺柱,4 组 M3×10 螺钉垫片,若干小扎带和粗细缠线管	
	热床 2 根加热线和 2 根热敏电阻线缆用缠线管包扎		
	两侧 Z 轴步进电动机连接线从预留的红色箭头指向孔穿过		

8.8.3　软件安装与调试

(1) 主板驱动程序的安装

根据购买的主板不同安装相应的驱动程序。如 Melzi 主板,该主板采用了 FTDI 公司的 FT232R 芯片,得到了微软 Windows7 操作系统的支持,其 USB 驱动安装方法非常简单。保证电脑联网,插上 3D 打印机电源,有风扇转动的隆隆声表明前面的安装没有问题,接着将 3D 打印机上的 USB 线与电脑连接,会出现"正在安装设备驱动程序软件"的提示框,驱动会自动下载并安装完成。如果有问题,可以在开始菜单中右击"计算机",选择"管理"菜单,打开"计算机管理"窗口,单击"计算机管理"窗口左侧的"设备管理器",展开右侧的"端口(COM 和 LPT)"及"通用串行总线控制器",查看 USB 串口转换器(USB Serial Converter)和串行口 USB Serial Port(COM3)的安装状态。如果安装没有成功,请参考资源 http：//www.dayinhu.com/tutorial/702.html。

(2) Prusa 刷固件

固件(Firmware)指芯片内部的软件,需要专业工具进行修改。此处采用 Arduino 软件系统和一套与硬件相关的配置文件 sanguino_melzi.zip(下载地址为 http：//www.dayinhu.com/tutorial/702.html)。首先安装 Arduion 软件,注意,因为前面已经安装好了 Melzi 主板的驱动,所以此处不用安装 Arduino 自带的 USB 驱动。安装完这个软件,将 sanguino_melzi.zip 文件解压复制到 C:\Program Files(x86)\Arduino\hardware 目录下。重新启动 Arduino,在菜单命令中查找 Tools->Board->Melzi 1284p16mhz,如果没有该选项,则重复上步工作。

由于 Prusa 是完全开源的 3D 打印机,派生种类比较多,不同的打印机对应不同的固件,如常见的 Repetier firmware 和 Marlin_firmware。下载好相应的

固件程序，配置完毕后，会得到一个本地目录，如 C：\PRUSAi3，用工具 Ar-
duino 打开程序 PRUSAi3. ino（File->Open...），弹出新窗口，点击 Upload 按
钮开始刷固件。如果不成功，打开菜单 Tools 查看 Serial Port 是否设置正确，此
处为 COM3。

（3）安装 Repetier-Host 软件

首先下载 Repetier-Host 软件（下载地址 http：//www. dayinhu. com/tutorial/
702. html），安装步骤与一般软件类似，此处不再赘述。软件界面如图 8.13 所示。

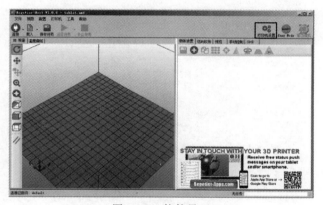

图 8.13 软件界面

接着，点击右上角"打印机设置"按钮进行打印机设置，弹出对话框，如
图 8.14 所示。【通讯端口】设置为上步安装 3D 打印机驱动时显示出的端口号；

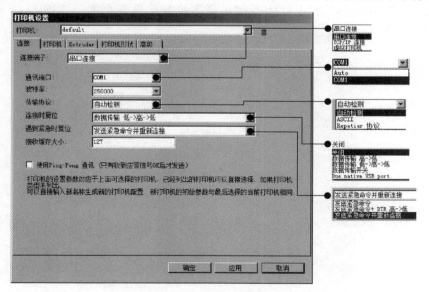

图 8.14 打印机连接设置

【波特率】设置为 3D 打印机固件使用的波特率上，一般情况下，Repetier-firm-ware 缺省值为 115200，Marlin 的缺省值为 250000；【连接时复位】选择"关闭"；其余选项默认设置即可。

切换到"打印机"选项卡，弹出如图 8.15 所示界面。设置停机位为（0，0，0）处，建议"任务中断结束后关闭热床"复选框不打√，"任务中断结束后关闭电机"复选框打√，其余默认设置即可。

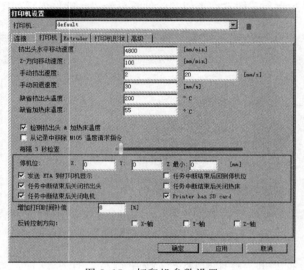

图 8.15　打印机参数设置

点击"Extruder"弹出打印机加热挤出机参数设置页面，如图 8.16 所示，

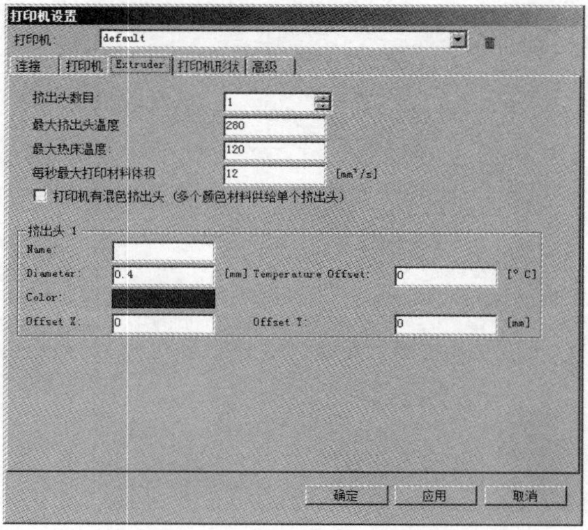

图 8.16　打印机挤出头参数设置

根据实际情况进行设置，此处"挤出头"Diameter 为喷头直径，默认为 0.4mm，该参数影响成型精度。

点击"打印机形状"面板，根据打印机实际情况设置打印机的尺寸。本书举例的打印机宽为 200mm，长为 200mm，高为 150mm，如图 8.17 所示。

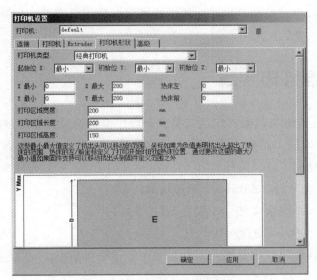

图 8.17　打印机形状参数设置

最后一个选项卡"高级"一般不需要设置。所有的参数都设置好之后，点击"确定"按钮，退出"打印机设置"对话框。

（4）测试打印机

上述工作完毕之后，一定要手动控制测试一下组装的 3D 打印机与电脑是否连接成功。在 Repetier-Host 主界面点击"连接"按钮，如果变绿，代表电脑与 3D 打印机连接成功，如图 8.18 所示。

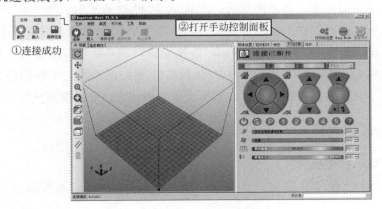

图 8.18　测试打印件

接着，切换到右侧窗口的"手动控制"面板，校准步进电动机。

依次点击$+X$、$-X$、$+Y$、$-Y$、$+Z$、$-Z$轴方向对应的小按钮，检查挤出头是否向正负方向移动。此外，观察步进电机有无巨大的噪声和抖动，如果出现上述问题，查看连线是否正确。

此处，可以单独控制挤出头、热床和风扇灯打印机部件，检测这些部件是否可以按照设置工作。

8.9　三维打印实践

桌面3D打印机与其他的快速成型设备操作步骤类似，具体包括以下步骤。

① 打印开始前，需要使用$100\sim240V$电压，通过电源适配器给打印机接上电源，并调平热床。

② 给打印机上料（ABS、PLA等线材）。

③ 准备好3D模型文件（一般为STL格式）。

④ 等待打印机自动打印。

下面通过具体的打印案例详细讲解上述打印操作过程。

8.9.1　打印机调整

打印喷头与热床应该垂直，因此，必须保证X轴与热床平行，否则X轴上下运动过程中会卡死或者打印失败。本书打印机在组装过程中用了水平仪进行检测，同时将X轴用手调到靠近顶端的位置，目测两边丝杠的螺纹圈数，保持两边一致即可。

打印喷头与热床间的距离是影响打印质量的关键，通过调节热床上面的四个螺钉实现热床的调平。具体操作时，先将X轴和Y轴复位，用一张A4纸垫在喷头与热床之间，Z轴上的限位开关可以确定Z轴初始位置，配合"手动控制"选项卡不断调整Z轴初始位置，保证Z轴复位时A4纸可以稍带阻力地在喷头与热床间移动，调好一个角后，将Z轴限位开关位置固定。用同样的方法依次测试喷头与热床之间的距离大小，如果太紧太松，可以通过微调热床螺钉调整。

8.9.2　打印步骤

（1）载入打印模型

准备STL格式模型文件，打开Repetier-Host软件，通过菜单命令"文件"—>"载入"或者工具条命令 ⬛ ·载入三维打印的模型文件。载入后的界面见图 8.19(a)。Repetier-Host 软件具有自动检测 STL 模型文件是否为流形文件的功能，例如图 8.19(a) 中的轴承零件为非流形文件，系统给出了提示。但不具备修复工具，需要根据提示下载免费工具进行模型修复。为了节约时间，本案例以打印机的某个打印件为模型进行打印，载入后的界面如图 8.19(b) 所示，为流形文件，无须进一步修复。

 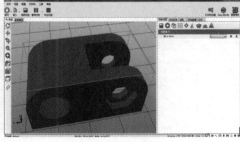

(a) 需修复的零件　　　　　　　　　(b) 无需修复的零件

图 8.19　载入模型

(2) 打印对象的位置确定

为了便于观察模型，主界面左侧的工具条提供了视图观察功能，用户可以用这些命令实现模型的平移、旋转、缩放等，与其他三维建模软件用法类似。实际打印时模型的位置由图 8.20 所示的命令调整，包括保存、载入、复制、排布、对中、缩放、旋转等功能。

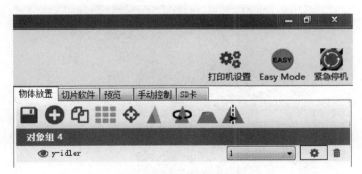

图 8.20　物体放置命令

(3) 切片

模型位置排版好之后，点击"切片软件"选项卡进行分层切片。该软件内嵌了两个切片引擎，缺省的是 Slic3r，该软件是一个独立的软件，用户可以去相关官网进行下载和访问。此处，切片前需要对分层参数进行配置，点击"配置（Configure）"按钮，等几秒后会弹出 Slic3r 主菜单，如图 8.21(a) 所示。该窗口包括三个标签页，Print Settings 用来设置打印相关的参数，此处，初级用户只需设置 Layers and perimeters 下的 Layer Heiht 信息，一般层高小于或等于挤出头喷嘴直径的80%左右，例如喷头直径为0.3mm，则层高设置为0.2mm。当层高特别小的时候，第一层层高单独设置，使其易于粘接在热床上。

另外一个关键的参数是第三个选项卡 Printer Settings，切换后选择左侧的 Extruder 1，设置挤出头喷嘴直径（Nozzle diameters）为实际值，界面如图8.21(b) 所示。

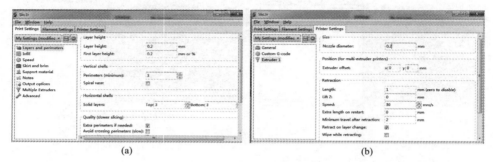

图 8.21　分层参数设置

对于高级用户，可以通过调整各参数观察打印质量。这里只设置上述参数，并保存配置参数。返回主界面，点击"开始生成代码 Slic3r"按钮，系统自动进行切片分层，图8.22所示为切片完成后的效果。

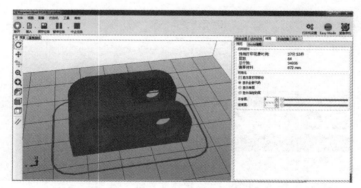

图 8.22　切片结果

（4）开始打印

确保电脑与3D打印机已连接，点击"运行任务"按钮就开始自动打印了，图8.23所示为打印中。在主界面的状态栏可以观察打印信息，一般开始打印后，不会立即执行，而是先加热热床和喷头到规定的温度后才开始打印。打印后的作品如图8.24所示，打印效果不是很好，原因是设置的层高等参数不合适，所以如何进行参数优化提高打印件性能是一个需要深入研究的课题。

图 8.23　打印中

图 8.24　打印结果

本章习题

1.立体光刻技术哪些方面需要进一步研究？

2.通过课外查阅资料了解激光加工其他相关技术。

3.论述各种 3D 打印技术的特点和工作原理。

4.查阅文献，了解目前各种 3D 打印技术发展的技术瓶颈及解决方案。

OpenGL常用函数一览表

附表　初始化函数

函数	说明
void glutInit(int * argc,char * * argv)	这个函数用来初始化 GLUT 库。对应 main 函数的形式应是：int main(int argc,char * argv[])； 这个函数从 main 函数获取其两个参数
void glutInitWindowSize (int width,int height)	初始化窗口的大小
void glutInitWindowPosition (int x,int y)	初始化窗口位置(左上角),以像素为单位
void glutInitDisplayMode (unsigned int mode)	设置图形显示模式。参数 mode 的可选值如下。 GLUT_RGBA:当未指明 GLUT-RGBA 或 GLUT-INDEX 时,是默认使用的模式。表明欲建立 RGBA 模式的窗口 GLUT_RGB:与 GLUT-RGBA 作用相同 GLUT_INDEX:指明为颜色索引模式 GLUT_SINGLE:只使用单缓存 GLUT_DOUBLE:使用双缓存。以避免把计算机作图的过程都表现出来,或者为了平滑地实现动画 GLUT_ACCUM:让窗口使用累加的缓存 GLUT_ALPHA:让颜色缓冲区使用 alpha 组件 GLUT_DEPTH:使用深度缓存 GLUT_STENCIL:使用模板缓存 GLUT_MULTISAMPLE:让窗口支持多例程 GLUT_STEREO:使窗口支持立体
void glutMainLoop(void)	让 glut 程序进入事件循环。在一个 glut 程序中最多只能调用一次。一旦调用,直到程序结束才返回
Int glutCreateWindow (char * name)	产生一个顶层的窗口
int glutCreateSubWindow (int win, int x, int y, int width, int height)	创建一个子窗口。win 是其父窗口的标记符。x,y 是相对父窗口的位移,以像素表示。width 和 height 是子窗口的宽和高

续表

函数	说明
void glutSetWindow(int win)	设置标记为 win 的窗口为当前窗口
int glutGetWindow(void)	返回当前窗口的标记符
void glutDestroyWindow(int win)	销毁以 win 标记的窗口
void glutPostRedisplay(void)	将当前窗口打上标记,标记其需要再次显示
void glutSwapBuffers(void)	当窗口模式为双缓存时,此函数的功能就是把后台缓存的内容交换到前台显示。当然,只有单缓存时,使用它的功能跟用 glFlush()一样 而使用双缓存是为了把完整图画一次性显示在窗口上,或者是为了实现动画
void glutPositionWindow(int x, int y)	改变当前窗口的位置:当前窗口是顶层窗口时,x,y 是相对于屏幕的位移;当前窗口若是子窗口时,x,y 是相对其父窗口原点的位移
void glutReshapeWindow(int width,int height)	改变当前窗口的大小,width 和 height 是当前窗口新的宽度和高度值
void glutFullscreen(void)	当前窗口全屏显示。当前窗口是顶层窗口时才有效
void glutPopWindow(void) void glutPushWindow(void)	对顶层窗口和子窗口均有效。改变当前窗口在栈中相对于其他窗口的次序
void glutShowWindow(void)	让当前窗口可视
void glutHideWindow(void)	让当前窗口成为不可视状态
void glutIconifyWindow(void)	最小化当前窗口
void glutSetWindowTitle(char * name) void glutSetIconTitle(char * name)	设置当前窗口(必须是顶层窗口)的标题和图标化时的标题
void glutSetCursor(int cursor)	设置当前窗口的光标样式
void glutEstablishOverlay(void)	对当前窗口创建覆盖图层
glutDisplayMode()	初始化显示模式函数决定
void glutUserLayer(GLenum layer)	枚举量 layer 可选值为 GLUT_NORMAL,GLUT_OVERLAY,分别选取正常位平面或覆盖平面
void glutRemoveLayer(void)	除去覆盖图。当没有覆盖图层时,调用这条语句系统不做任何事
void glutPostOverlayRedisplay(void)	标记该覆盖图层为需要重新显示的状态
void glutShowOverlay(void)	显示当前窗口的覆盖图层
void glutHideOverlay(void)	隐藏覆盖图层

续表

函数	说明
Int glutCreateMenu（void（＊func）（int value））	当点击菜单时，调用回调函数 func，value 为传递给回调函数的数值，它由所选择的菜单条目对应的整数值决定
void glutSetMenu(int menu)	设置当前菜单
int glutGetMenu(void)	获取当前菜单的标识符
void glutDestroyMenu(int menu)	删除指定的菜单
void glutAddMenuEntry（char＊name，int value)	添加一个菜单条目
void glutAddSubMenu（char＊name，int menu)	在当前菜单的底部增加一个子菜单的触发条目
void glutChangeToMenuEntry(int entry，char＊name，int value)	更改当前菜单中指定菜单项
void glutChangeToSubMenu（int entry，char＊name，int menu)	将指定当前菜单中的菜单项变为子菜单触发条目
void glutRemoveMenuItem（int entry)	删除指定的菜单项
void glutAttachMenu(int button)	把当前窗口的一个鼠标按键与当前菜单关联起来
void glutDetachMenu(int button)	解除鼠标按键与弹出式菜单的关联关系
void glutDisplayFunc（void（＊func)（void))	为当前窗口设置显示回调函数
void glutOverlayDisplayFunc(void（＊func)（void))	注册当前窗口的重叠层的显示回调函数
void glutReshapeFunc（void（＊Func)(int width，int height))	指定当窗口的大小改变时调用的函数
void glutKeyboardFunc(void（＊func)（unsigned char key，int x，int y))	注册当前窗口的键盘回调函数
void glutMouseFunc(void（＊func)（int button，int state，int x，int y))	注册当前窗口的鼠标回调函数 func 为注册的鼠标回调函数 button 为鼠标的按键，取值为 GLUT＿LEFT＿BUTTON、GLUT＿MIDDLE＿BUTTON、GLUT＿RIGHT＿BUTTON； state 为鼠标按键的动作，为以下定义的常量 GLUT＿UP，鼠标释放，GLUT＿DOWN，鼠标按下；x，y 为鼠标按下式，光标相对于窗口左上角的位置
void glutMotionFunc（void（＊func)（int x，int y))	设置移动回调函数
void glutPassiveMotionFunc（void（＊func)（int x，int y))	设置当前鼠标移动函数
void glutVisibilityFunc（void（＊func)（int state))	设置当前窗口的可视回调函数 Func 为指定的可视回调函数，state 表示窗口的可视性，为以下常量 GLUT＿NOT＿VISIBLE(窗口完全不可见)、GLUT＿VISIBLE(窗口可见或部分可见)

续表

函数	说明
void glutEntryFunc（void（*func）（int state））	设置鼠标的进出窗口的回调函数，Func 为注册的鼠标进出回调函数，state 为鼠标的进出状态，取值为 GLUT_LEFT（鼠标离开窗口）、或 GLUT_RIGHT（鼠标进入窗口）
void glutSpecialFunc（void（*func）（int key，int x，int y））	设置当前窗口的特定键的回调函数，Func 为注册的特定键的回调函数，key 为按下的特定键
void glutMenuStatusFunc（void（*func）（int status，int x，int y））	设置菜单状态回调函数，func 是注册的菜单状态回调函数，status 是当前是否使用菜单，为以下定义的常量 GLUT_MENU_IN_USE（菜单正在使用）或 GLUT_MENU_NOT_IN_USE（菜单未被使用）
void glutIdleFunc（void（*func）（void））	设置空闲回调函数
void glutTimerFunc（unsigned int msecs，void（*Func）（int value），int value）	注册一个回调函数，当指定时间值到达后，由 GLUT 调用注册的函数一次，msecs 是等待的时间，Func 是注册的函数，当指定的毫秒数到达后，这个函数就调用注册的函数，value 参数用来向这个注册的函数传递参数
……	……

参 考 文 献

［1］　Gibson I，Rosen D W，Stucker B. Additive Manufacturing Technologies ［M］. London：Springer Science＋Business Media，LLC，2010.

［2］　孙家广. 计算机图形学 ［M］（第三版）. 北京：清华大学出版社，2004.

［3］　吴怀宇. 3D 打印三维智能数字化创造 ［M］. 北京：电子工业出版社，2015.

［4］　何援军. 计算机图形学 ［M］. 北京：机械工业出版社，2006.

［5］　孙劼. 3D 打印机/AutoCAD/UG/Creo/Solidworks 产品模型制作完全自学教程 ［M］. 北京：人民邮电出版社，2014.

［6］　苏春. 数字化设计与制造 ［M］. 北京：机械工业出版社，2009.

［7］　计算机图形学（OpenGL 版）［M］. 胡事民，刘利刚，刘永进，等译. 北京：清华大学出版社，2009.

［8］　韩霞. 快速成型技术与应用 ［M］. 北京：机械工业出版社，2016.

［9］　王广春. 增长制造技术及应用实例 ［M］. 北京：机械工业出版社，2014.

［10］　http：//www.5dcad.cn/html/soft/2007-03/96.html.

［11］　龚春林，谷良贤，袁建平. 面向飞行器多学科设计优化的主模型技术 ［J］. 宇航学报，2009，30（3）：914-920.

［12］　刘梦晴. 基于主模型的船用柴油机关键件集成 CAM 系统研究 ［D］. 镇江：江苏科技大学，2015.

［13］　张学昌，习俊通，严隽琪. 基于非均匀热传导理论的点云数据平滑处理 ［J］. 机械工程学报，2006（02）：115-118＋124.

［14］　李刚. 基于逆向工程的自由曲面重构技术研究 ［D］. 济南：山东大学，2009.

［15］　张秀芬. 基于 OpenGL 的模型简化平台开发及其算法研究 ［D］. 呼和浩特：内蒙古工业大学，2005.